JN219462

なるほど統計力学　応用編

村上 雅人 著

なるほど統計力学

——応用編——

海鳴社

はじめに

前著の「なるほど統計力学」では、統計力学の基本である「ミクロカノニカル分布」「カノニカル分布」「グランドカノニカル分布」に焦点をあて、その基本的な考えと、エントロピーを基本とした系の解析手法、ならびに、統計力学がどのように建設されてきたかの過程を中心に紹介した。まさに“Introduction to statistical physics”であった。

一方、統計力学そのものは、いろいろな分野に応用されており、その基本の習得はもちろんのこと、実際問題にどう適用するかということも重要である。その際、中心となるのが、**分配関数** (partition function) である。本書では、分配関数という用語を使っているが、状態和 (the sum of states) と呼ばれることもある。物理的意味においては状態和という表記のほうがわかりやすいかもしれない。

分配関数導入の基礎は、**ボルツマン因子** (Boltzmann factor) の $\exp(-E_r/k_BT)$ である。そこで、まず、この因子について少し解説を加えた。ボルツマン因子の原型は、アレニウスの式にあり、当初は、化学反応の速度を予測する実験式として登場したものである。

その後、系のエネルギーが E_r となる状態が発現する確率を与えるというボルツマン因子の物理的意味が明らかとなったのである。そして、統計力学の発展とともに、系のとりうるエネルギーE_r の表式がわかれば、それをもとに分配関数（グランドカノニカル分布では、粒子数の効果まで取り入れた大分配関数であるが、基本的考えは同じである）を求めることで、系の平衡状態の解析や、さらに、内部エネルギー、エントロピー、自由エネルギーなどの熱力学変数を機械的に計算できることが明らかとなったのである。

本書では、統計力学の実際問題への応用を紹介しているが、実は、問題を解く過程で、その背景や、ある条件下での分配関数をいかに構築し、系の解析にどのように適用するかなどを経験することで、すこし曖昧であった点や、あやふやな事項などの理解が進むこともある。

統計力学は、いわば、現代物理を理解するための重要なツールとなっているが、道具を使うことで、その効用が理解できるからである。これは、まさに、数学の問題演習と同じである。

そこで、本書では、統計力学の基礎を簡単に復習したあとで、ボルツマン因子の重要性、さらに、それをもとにした分配関数をいかに実際問題に適用し、系の解析に応用するかという視点でまとめた。

応用問題としては、統計力学の適用が成功を収めている「多原子分子を扱うための基礎としての 2 原子分子系への応用」「光量子そして量子論の基礎を築いたプランク輻射の統計力学的解析」「固体物性としての格子比熱」「強磁性を理解するためのイジングモデルに依拠した相転移」などを取り上げた。一般に多体系では相互作用を取り入れるのは簡単ではないが、その導入例についても相転移のところで紹介している。

また、統計力学は量子力学における多体問題にも利用されている。そこで、量子力学における多体粒子系への応用の基礎として、分配関数の導出や密度行列についても解説している。

最後に、本書をまとめるにあたり、理工数学研究所の小林忍さんと鈴木正人さんには、大変お世話になった。謝意を表する。

2019 年 4 月　著　者

もくじ

序章　ボルツマン因子

統計力学において、**熱平衡状態** (thermal equilibrium condition) におけるエネルギー (E: energy) と温度 (T: temperature) の関係を論ずる場合、つぎの**ボルツマン因子** (Boltzmann factor) が登場する。

$$e^{-\frac{E}{k_B T}} = \exp\left(-\frac{E}{k_B T}\right)$$

この因子は、一定の温度 T において、系のエネルギーが E となる確率に比例する。ただし、k_B は**ボルツマン定数** (Boltzmann constant) である。本序章では、この因子の導出を行う。

ところで、多くの読者には、つぎの**アレニウスの式** (Arrhenius equation) の方がなじみ深いのではないだろうか。

$$v = A\exp\left(-\frac{E_a}{RT}\right)$$

これは、A を定数として、ある温度 T における化学反応の速度 (v) を表現する式である。ここで、R は**気体定数** (gas constant)、T は絶対温度であり、単位は [K] となる。 この式は、1984 年にアレニウスが、化学反応の実験結果を説明するために導入した式である。ただし、反応速度は、原料の濃度などに依存するため、一般的には、反応速度 v ではなく、化学反応の普遍定数としての反応定数 (reaction constant) である k を用いた次式

$$k = A\exp\left(-\frac{E_a}{RT}\right)$$

を採用する。

ここで、E_a は**活性化エネルギー** (activation energy) と呼ばれ、化学反応において、E_a 以上のエネルギーを有する分子だけが、エネルギー障壁を越えて、反応

が進むと解釈されている。そして、E_a 以上のエネルギーを有する分子の割合 $p\,(E \geq E_a)$が、ボルツマン因子

$$p\,(E \geq E_a) \propto \exp\left(-\frac{E_a}{RT}\right)$$

に比例することを示している。これは

$$p\,(E \geq E_a) \propto \int_{E_a}^{\infty} \exp\left(-\frac{E}{RT}\right) dE \Big/ \int_{0}^{\infty} \exp\left(-\frac{E}{RT}\right) dE = \exp\left(-\frac{E_a}{RT}\right)$$

という計算に基づいていることに注意されたい。

アレニウス式の両辺の対数をとると

$$\ln k = -\frac{E_a}{RT} + \ln A$$

となる。ここで、反応速度定数 (k) の対数 ($\ln k$) と温度の逆数 ($1/T$)をグラフ化すると、図 0-1 に示すように、その傾きから活性化エネルギー (E_a) が求められる。これをアレニウス-プロット (Arrhenius plot) と呼んでおり、化学反応を扱う分野で重宝されている。熱活性化現象 (thermal activation events) や半導体のギャップエネルギーを求める場合などにも、この式が利用される。

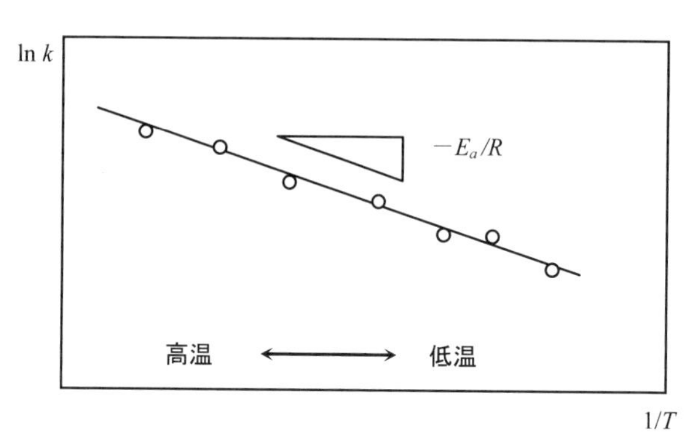

図 0-1 アレニウス-プロットの模式図

アレニウスの式は、あくまでも、実験式として提案されたが、その後、ボルツマン因子に関して理論的な根拠が与えられるようになった。ただし、ボルツマン因子としては、気体定数 R ではなく、それをアボガドロ数 N_A で除したボルツマ

ン定数(Boltzmann constant) である k_B (= R/N_A) を用いるのが一般的である。

ここで、RT は、温度 T にある 1mol の気体が有するエネルギー、k_BT は、温度 T にある気体の中の分子 1 個の平均エネルギーとなる。

0. 1.　気体の濃度とボルツマン因子

地球上で生活しているわれわれは、地に足がついている。この原因は、われわれが地球の重力によって地球の中心方向に引力を受けているからである。重力は、地球の引力圏に存在するあらゆる物体に働いている。このため、海の水は地球にへばりついている。

ところで、われわれのまわりには空気があり、その中の成分である酸素のおかげで呼吸し生きている。もし、酸素がなければたちどころに人類は滅亡してしまう。

ここで、疑問が湧く。酸素も酸素分子からなり、質量 m を有している。とすると、mg という引力を地球から受けている。それならば、人間と同様に、本来なら地表にへばりついてもおかしくないはずである。

ところが、空気の層は、かなりの高さまで分布している。なぜだろうか。この理由は、酸素分子が熱運動 (thermal motion) しているからである。もし、熱運動がなければ、われわれは酸素を呼吸することができずに死んでしまうであろう。

それでは、この酸素分子の分布はどうなっているのだろうか。熱運動をしているといっても、やはり、地表面では、その濃度が高く、高くなるにしたがって、その数は減っていくはずである。実は、高度による酸素分子の分布を示すのが**ボルツマン分布** (Boltzmann distribution) なのである。

それでは、酸素分子の高さ方向の分布を導出しよう。理想気体の状態は次の方程式 (equation of state) に従う。

$$PV=nRT$$

この式から、気体に及ぼす温度効果を知ることができる。ただし、P [N/m^2]は気体の圧力、V [m^3]は体積、n [mol]はモル数、T [K]は温度である。

ここで、図 0-2 のような単位面積の断面を持つ円筒の中の空気分子を考える。下面の高さを z [m]、 上面の高さを $z+\Delta z$ [m] とする。すると、下面にかかる圧

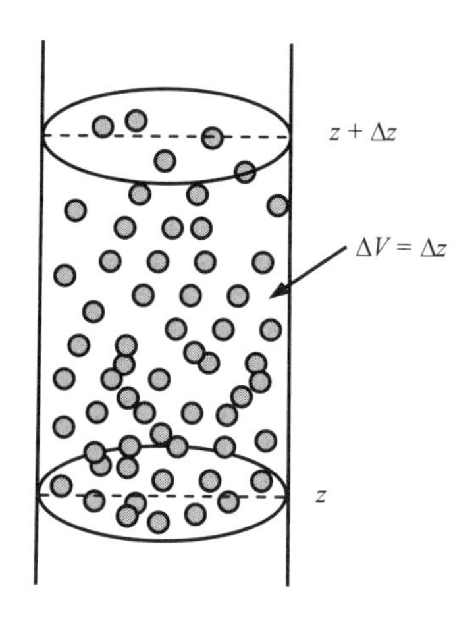

図 0-2 地上からの高さ z 近傍にある単位断面積の円筒状の空気層

力は、この円筒の中に存在する気体分子の分だけ大きくなるはずである。ここで、気体分子 1 個の重さを m [kg]、重力加速度を g [m/s^2]、気体分子の密度を $N(z)$ [m^{-3}] とすると

$$P(z) - P(z + \Delta z) = mgN(z)\Delta V$$

という関係にある。

ここで、断面は単位面積の 1 [m^3] としているので $\Delta V = \Delta z$ から

$$P(z) - P(z + \Delta z) = mgN(z)\Delta z$$

となる。

つぎに、z 近傍の領域で、気体の状態方程式

$$P(z)V = nRT$$

を考える。ここで、ボルツマン定数を k_B とし、アボガドロ数を N_A とすると

$$R = k_B N_\mathrm{A} \quad \text{から} \quad k_B = \frac{R}{N_\mathrm{A}}$$

であり気体分子の数 M は $M = nN_\mathrm{A}$ と与えられるので

$$P(z) = \frac{n}{V}RT = \frac{nN_\mathrm{A}}{V}\frac{R}{N_\mathrm{A}}T = \frac{M}{V}k_B T = N(z)k_B T$$

となる。ここで、微分の定義式

$$\lim_{\Delta z \to 0} \frac{P(z+\Delta z)-P(z)}{\Delta z} = \frac{dP(z)}{dz}$$

においてΔzが充分小さいとすると

$$P(z+\Delta z)-P(z) = \frac{dP(z)}{dz}\Delta z$$

とおける。$P(z)-P(z+\Delta z) = mgN(z)\Delta z$を代入すると

$$-\frac{dP(z)}{dz}\Delta z = mgN(z)\Delta z$$

と変形でき、Δzで除すと

$$-\frac{dP(z)}{dz} = mgN(z)$$

という微分方程式がえられる。

ここで、状態方程式$P(z) = N(z)k_B T$を上式に代入して、$N(z)$に関する方程式に変形すると

$$-k_B T\frac{dN(z)}{dz} = mgN(z) \qquad から \qquad \frac{dN(z)}{N(z)} = -\frac{mg}{k_B T}dz$$

という変数分離型の微分方程式がえられる。両辺の積分をとると

$$\int \frac{dN(z)}{N(z)} = -\frac{mg}{k_B T}\int dz \qquad より \qquad \ln N(z) = -\frac{m\ g\ z}{k_B T}+C$$

となる。ただし、Cは積分定数である。

結局、高さ方向の気体分子の濃度は

$$N(z) = A\exp\left(-\frac{mgz}{k_B T}\right)$$

と与えられる。ただし、$A\,(=e^C)$は定数であるが、いまの場合は

$$N(0) = A\exp 0 = A$$

となって、地表面$(z=0)$での空気の濃度$N(0)$となる。

ここで、指数関数のべきの分子はmgzであるからポテンシャルエネルギーである。よって、これをE_zと書くと

$$N(z) = N(0)\exp\left(-\frac{mgz}{k_B T}\right) = N(0)\exp\left(-\frac{E_z}{k_B T}\right)$$

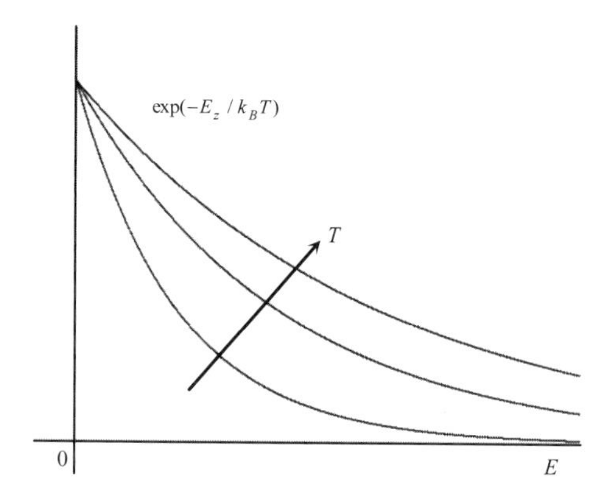

図 0-3　ボルツマン因子($\exp(-E_z/k_BT)$) のエネルギーE依存性。エネルギーが大きくなると、指数関数的に減少していく。温度Tが高くなると、減少の度合いが小さくなる。つまり、高温では、高エネルギー側に分布がシフトすることになる。

という関係がえられ、ボルツマン因子が導出できる。

これは、ある一定の温度 T の状態にある気体分子では、E_zのポテンシャルエネルギーを有する分子の数は$\exp(-E_z/k_BT)$という因子に比例するということを示している。

ところで、E_zは、気体分子のポテンシャルエネルギーであったが、これを、一般のエネルギーに拡張すると、一定温度 T においては、エネルギーが大きい気体分子の数はどんどん減少していくことに対応している。

これをもっと一般化すると、絶対温度 T で平衡状態にある多くの粒子からなる系においては、その粒子がエネルギーEの状態を占有する確率は

$$\exp\left(-\frac{E}{k_BT}\right) = e^{-\frac{E}{k_BT}}$$

に比例すると表現することができる。

0. 2.　気体の運動エネルギー

ところで、上記の取り扱いでは、気体の運動エネルギーには注目していない。実際に、温度Tにある気体分子のすべては、一定の速度vで運動しているのでは

なく、ある速度分布をもって運動していると考えられる。そして、v は平均速度である。

ここで、x 方向の平均速度を v_x とすれば

$$\frac{1}{2}m{v_x}^2 = \frac{1}{2}k_B T$$

という関係にあり、3 次元空間では

$$\frac{1}{2}m({v_x}^2 + {v_y}^2 + {v_z}^2) = \frac{1}{2}mv^2 = \frac{3}{2}k_B T$$

となる。そして、その速度分布は

$$\exp\left(-\frac{mv^2}{2k_B T}\right)$$

と与えられるのである。その厳密な導入方法については、拙著『なるほど統計力学』（海鳴社）を参照していただくとして、ここでは、概略を説明しておこう。まず、運動エネルギー E_K は

$$E_K = \frac{1}{2}mv^2$$

であるから、上式は

$$\exp\left(-\frac{mv^2}{2k_B T}\right) = \exp\left(-\frac{E_K}{k_B T}\right)$$

となって、ボルツマン因子のエネルギー項に運動エネルギーを代入したものとなる。

ところで、気体分子の速度分布は、**正規分布** (normal distribution) に従うと考えられる。そして、その平均は 0 となる。これは、左右上下方向で、速度はプラスマイナスが平均化され、0 となることを意味している。例えば、箱に封入された気体分子の平均速度が 0 でなく、ある速度成分を有するとすれば、箱は、その方向に動くはずだからである。

そして、平均が 0 の正規分布は

$$\exp\left(-bv^2\right)$$

という分布関数を有する。実は、速度 v の分布を考えるとき、1 次の項は正負で打ち消しあうため、分布関数は v^2 の関数になるという考えもできる。

あとは、係数 b を決めることになるが、v^2 の項が入っている物理変数としては、運動エネルギー $(1/2)mv^2$ がすぐに思い浮かぶ。さらに、この式が、物理的な意味を有するためには、e のべきが無次元とならなければならない。さらに、温度 T の影響を取り入れることを考えれば、分母は、自然と、エネルギーに対応した k_BT となるはずである。したがって、分布関数として、ボルツマン因子

$$\exp\left(-\frac{mv^2}{2k_BT}\right)$$

がえられることになる。

ここで、気体分子の総エネルギー E_T は、運動エネルギーと位置エネルギーの和となる。よって

$$E_T = E_K + E_z = \frac{1}{2}m(v_x{}^2 + v_y{}^2 + v_z{}^2) + mgz$$

これをボルツマン因子のエネルギー項に代入すれば

$$\exp\left(-\frac{E_T}{k_BT}\right) = \exp\left(-\frac{E_K + E_z}{k_BT}\right) = \exp\left(-\frac{(1/2)mv^2 + mgz}{k_BT}\right)$$

$$= \exp\left(-\frac{(1/2)m(v_x{}^2 + v_y{}^2 + v_z{}^2) + mgz}{k_BT}\right)$$

となる。これらボルツマン因子は

$$\exp\left(-\frac{mv_x{}^2}{2k_BT}\right)\exp\left(-\frac{mv_y{}^2}{2k_BT}\right)\exp\left(-\frac{mv_z{}^2}{2k_BT}\right)\exp\left(-\frac{mgz}{k_BT}\right)$$

というように項別の積に分解できる。このように分解できることは、統計力学への応用において、大変便利である。

0. 3. エントロピーによる導出

実は、ボルツマン因子は、次に示す方法によって導出するのが、より一般的である。それは、系の**エントロピー** (entropy) が最大になるようにエネルギー分布を決めるという方法である。

一般の系においては、**自由エネルギー** (free energy) が最も低い状態が平衡状態となる。これは、エントロピーの値が最大値をとる状態である。

いま、N個の粒子からなる系において、m種類のエネルギー準位があったとしよう。いま、エネルギーの総和が一定の状態で、系のエントロピーが最大になる分配方法を考えてみる。エントロピーは

$$S = k_B \ln W$$

という式で与えられる。ただし、Wは系のとりえる場合の数であり

$$W = \frac{N!}{n_1!n_2!\cdots n_m!}$$

となる。

ただし、$n_1, n_2, ..., n_m$は、それぞれエネルギー$E_1, E_2, ..., E_m$ を占有している粒子の数である。よって

$$S = k_B \ln W = k_B \ln\left(\frac{N!}{n_1!n_2!\cdots n_m!}\right)$$

$$= k_B \ln N! - k_B (\ln n_1! + \ln n_2! + \cdots + \ln n_m!)$$

が最大になるような分配を見つければよいことになる。

ここで、**制約条件** (restricted conditions) は

$$N = n_1 + n_2 + n_3 + \cdots + n_m$$

と

$$U = n_1 E_1 + n_2 E_2 + n_3 E_3 + \cdots + n_m E_m$$

となる。ただし、Uは、全粒子の総エネルギーである。これら制約条件のもとで、Sの最大値を求めるのが、課題となる。

まず、制約条件の微分をとってみよう。すると

$$dn_1 + dn_2 + dn_3 + \cdots + dn_m = 0$$

および

$$E_1 dn_1 + E_2 dn_2 + E_3 dn_3 + \cdots + E_m dn_m = 0$$

となる。つぎに、エントロピーSが最大である時、その微分は0である。エントロピーは

$$S = k_B \ln N! - k_B (\ln n_1! + \ln n_2! + \cdots + \ln n_m!)$$

と与えられる。ここで、スターリング近似

$$\ln N! = N \ln N - N$$

を使って、与式を変形しよう。

すると

$$S = k_B\{N\ln N - N\} - k_B\{(n_1\ln n_1 + n_2\ln n_2 + \cdots + n_m\ln n_m) - (n_1 + n_2 + \cdots + n_m)\}$$
$$= k_B\{N\ln N - N\} - k_B\{(n_1\ln n_1 + n_2\ln n_2 + \cdots + n_m\ln n_m) - N\}$$
$$= k_B N\ln N - k_B(n_1\ln n_1 + n_2\ln n_2 + \cdots + n_m\ln n_m)$$

ここで、Nは定数であるので、Sの微分がゼロになる条件は

$$dS = dn_1\ln n_1 + n_1\frac{dn_1}{n_1} + \cdots + dn_m\ln n_m + n_m\frac{dn_m}{n_m}$$
$$= (dn_1\ln n_1 + \cdots + dn_m\ln n_m) + (dn_1 + ... + dn_m) = 0$$

となるが

$$dn_1 + dn_2 + ... + dn_m = 0$$

であるから

$$dn_1\ln n_1 + \cdots + dn_m\ln n_m = 0$$

となる。

ここで、あらためて条件をまとめると

$$dn_1 + ... + dn_m = 0 \qquad E_1 dn_1 + \cdots + E_m dn_m = 0$$
$$dn_1\ln n_1 + \cdots + dn_m\ln n_m = 0$$

となる。これら3条件を満足する $n_1, n_2, ..., n_m$ を求めるのである。

ここで、少し技巧を使う。最初の式にαを、つぎの式にβをかけたうえで全部の式を足してみよう。この手法は、**ラグランジュの未定乗数法** (method of Lagrange multiplier) と呼ばれているものであり、条件付極値を求めるときに使われる手法である。制約条件である最初の2式に未定乗数であるαとβを乗じて、極値を求める。すると

$$(\alpha dn_1 + \beta E_1 dn_1 + dn_1\ln n_1) + \cdots + (\alpha dn_m + \beta E_m dn_m + dn_m\ln n_m) = 0$$

から

$$(\alpha + \beta E_1 + \ln n_1)dn_1 + \cdots + (\alpha + \beta E_m + \ln n_m)dn_m = 0$$

という等式がえられる。

この式が成立するためには

$$\alpha + \beta E_1 + \ln n_1 = 0 \qquad \alpha + \beta E_2 + \ln n_2 = 0$$

$$\cdots \quad \alpha + \beta E_m + \ln n_m = 0$$

がすべて成立する必要がある。

よって

$$n_1 = \exp(-\alpha - \beta E_1) = A\exp(-\beta E_1) \qquad n_2 = \exp(-\alpha - \beta E_2) = A\exp(-\beta E_2)$$

$$\cdots\cdot \quad n_m = \exp(-\alpha - \beta E_m) = A\exp(-\beta E_m)$$

という解がえられる。 $A(=\exp(-\alpha))$ と β はすべての項に共通である。よって、解の一般式として

$$n_j = A\exp(-\beta E_j) \qquad (j = 1, 2, \ldots, m)$$

となる。

ここで、定数 A を求めてみよう。まず

$$N = n_1 + n_2 + \cdots + n_m$$

であったから

$$N = A\{\exp(-\beta E_1) + \exp(-\beta E_2) + \cdots + \exp(-\beta E_m)\}$$

よって

$$A = \frac{N}{\exp(-\beta E_1) + \exp(-\beta E_2) + \cdots + \exp(-\beta E_m)} = \frac{N}{\sum_{j=1}^{m} \exp(-\beta E_j)}$$

となる。

分母の和は、**分配関数** (partition function) と呼ばれる。後ほど、紹介するように統計力学の主役を演じる関数である。これを Z と置くと

$$Z = \exp(-\beta E_1) + \exp(-\beta E_2) + \cdots + \exp(-\beta E_m) = \sum_{j=1}^{m} \exp(-\beta E_j)$$

となり

$$A = \frac{N}{Z}$$

と与えられる。

よって、j 準位のエネルギー E_j を有する分子数 n_j は Z を使うと

$$n_j = \frac{N}{Z}\exp(-\beta E_j)$$

となる。

そして、エネルギーE_jを有する気体分子の確率は

$$p_j = \frac{1}{Z}\exp(-\beta E_j)$$

と与えられる。

つぎに、定数β を求めてみよう。そのために、エントロピーを利用する。まず

$$S = k_B \ln W = k_B\{N\ln N - n_1 \ln n_1 - n_2 \ln n_2 - \ldots - n_m \ln n_m\}$$

となるので

$$S = k_B N \ln Z + \frac{k_B N\beta}{Z}\{E_1\exp(-\beta E_1) + E_2\exp(-\beta E_2) + \ldots + E_m\exp(-\beta E_m)\}$$

と与えられる。ここで

$$U = n_1E_1 + n_2E_2 + \ldots + nE_m = \frac{N}{Z}\{E_1\exp(-\beta E_1) + E_2\exp(-\beta E_2) + \ldots + E_m\exp(-\beta E_m)\}$$

から

$$S = k_B N \ln Z + k_B \beta U$$

ここで、体積変化がないとき、温度 T は、エントロピーS と

$$\frac{dS}{dU} = \frac{1}{T}$$

という関係（補遺 1 参照）にあるので

$$\frac{dS}{dU} = k_B\beta = \frac{1}{T} \quad から \qquad \beta = \frac{1}{k_B T}$$

と与えられる。温度の逆数となっていることから、βのことを**逆温度** (inverse temperature) と呼ぶこともある。よって

$$n_j = \frac{N}{Z}\exp\left(-\frac{E_j}{k_B T}\right) = A\exp\left(-\frac{E_j}{k_B T}\right) \quad (j = 1, 2, \ldots, m)$$

となり、エントロピーが最大となる条件から、ボルツマン分布がえられる。

ここで、別な視点からβについて考えてみよう。エネルギーは、温度が高くなるほど大きくなる傾向がある。ここで、E_jというエネルギーを占有する粒子の数は $\exp(-\beta E_j)$に比例するのであるが、この値は E_jが大きくなると急激に小さくなっていく。温度が高ければ、エネルギーの高い準位の占有率が高くなる傾向にあ

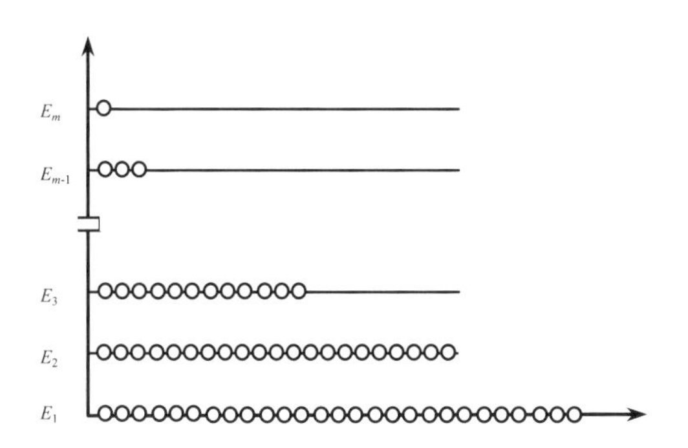

図 0-4　ボルツマン分布におけるエネルギー準位と粒子数の模式図

るのであるから、β は T に反比例すると考えられる。よって $1/T$ となるが、温度をエネルギーに換算する係数 k_B をかけて $b=1/k_BT$ とする。こうすれば指数の E/k_BT が無次元となる。

ボルツマン因子に従うエネルギー分布をボルツマン分布と呼ぶ。この分布は、エネルギー準位 E_j が大きくなれば、図 0-4 に示したように、指数関数的に、その粒子数（あるいは存在確率）は減っていくことになる。

第1章　統計力学の手法

統計力学は、マクロに観察される熱力学変数である温度 T やエネルギー E などをミクロ粒子の運動をもとに解析する学問である。このとき、何を足がかりにして、ミクロとマクロの橋渡しをするかが鍵となる。

統計力学では、**ミクロカノニカル集団** (micro-canonical ensemble)、**カノニカル集団** (canonical ensemble)、**グランドカノニカル集団** (grand canonical ensemble)という3種類のミクロ粒子からなる系を考える。

まず、ミクロカノニカル集団とは、外界から孤立した系 (isolated system)であり、トータルの粒子数 N と、トータルのエネルギー U も決まっている。このとき、ミクロ粒子の微視的状態の数(number of microscopic states) W を考え、**エントロピー** (entropy) S が

$$S = k_B \ln W$$

と与えられることをもとに、エントロピー S が最大となる条件 $dS = 0$ から、どのような粒子分布が**平衡状態** (equilibrium state) を与えるかを求める。ただし、k_B は**ボルツマン定数** (Boltzmann constant) と呼ばれる定数である。

次に、カノニカル集団とは、外界とエネルギーのやりとりが許される系である。ただし、粒子の移動はないが、エネルギー E に自由度がある。このとき、系のエネルギーが温度 T で E_r となる確率 p_r が

$$p_r \propto \exp\left(-\frac{E_r}{k_B T}\right) = e^{-\frac{E_r}{k_B T}}$$

という**ボルツマン因子** (Boltzmann parameter) に比例するということを足がかりにして、系の状態を解析していくのがカノニカル分布の手法である。

状態数よりも、エネルギーのほうが取扱いが便利かつ簡単であるため、統計力学では、カノニカル分布による手法が主流を占める。ただし、後に紹介するよう

に、その主役は**分配関数** (partition function) となる。**状態和** (sum of states) と呼ぶこともある。統計力学における物理的意味からすれば、状態和と呼ぶほうが相応しいが、本書では、慣例により分配関数を使う。

最後に、グランドカノニカル集団とは、外界と、エネルギーも粒子もやりとりの可能な系であり、もっとも自由度の高い系となる。

それでは、まず、ミクロカノニカル分布とカノニカル分布の復習を行ってみよう。

1. 1.　ミクロカノニカル分布

外界から熱的に遮断された体積 V の容器のなかに、気体が閉じ込められているとしよう。その総分子数 N は一定とし、エネルギーの総和 (内部エネルギー:U) も一定とする。このような系をミクロカノニカル集団と呼んでいる。ただし、より一般的には気体とは限らずに、ミクロ粒子の集団を考える。

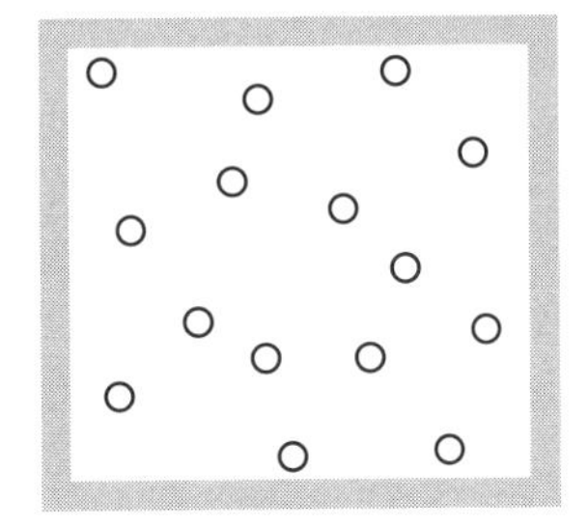

図 1-1　外界とは、熱や粒子のやりとりのない孤立した系を考え、総粒子数 N が一定とし、総エネルギー U も変化しないものとする。このような粒子の集団を、ミクロカノニカル集団と呼んでいる。

このような**孤立した系** (isolated system) において、マクロな物理特性と、ミクロな気体分子の運動は、どのような関係にあるのだろうか。まず、マクロには $PV = Nk_BT$ という**状態方程式** (equation of state) が成立する。

よって、系の状態を指定する変数としては、P, T, V, N が考えられるが、状態方程式によって、4 変数間の束縛条件があるため、独立変数 (independent variables)

はあくまでも3個となる。そして、ミクロカノニカル集団では、T, V, Nを独立変数とする。(3変数が指定されれば、Pは自動的に決まる。)

さらに、温度Tと内部エネルギーUの間には

$$U = \frac{3}{2} N k_B T$$

という関係があるので、温度Tの替わりに、Uと等価のエネルギー Eを採用して、E, V, Nを変数とするのが通例である。

それでは、どうやってマクロとミクロをつなげるか、その橋渡し役が、エントロピーSとなるのである。ここで $S = k_B \ln W$ という関係にあるが、ミクロカノニカル集団では

$$S(E, V, N) = k_B \ln W(E, V, N)$$

として、ミクロ世界の**微視的状態** (microscopic state) の数Wが、E, V, Nによってどう変化するかを考え、それから、平衡状態 (equilibrium state) におけるSを導出し、さらに、マクロな物理量を求めていくことになる。このとき、「平衡状態ではエントロピーSが最大となる」ことを利用する。

さらに、ミクロカノニカル集団では、容器に閉じ込められた系を考えているので、体積Vが変化するのは、容器の大きさを変えた場合である。したがって、Vは本質的な変数ではないので一定として、実際には、粒子数 N とエネルギーEと状態数Wとの関係を調べていくことになる。

ここで、状態数をもとに系の解析をするための前提として、統計力学では、**等重率の原理** (principle of equal a priori probabilities)、あるいは、等確率の原理と呼ばれる考えを基本としている。

等重率の原理とは、ミクロ粒子がとることのできる微視的状態ひとつひとつの出現確率は、すべて等しくなるというものである。例えば、サイコロの出目の数は1から6まであるが、これら目の出現確率はすべて等しい。統計力学においても、すべての微視的状態の出現確率はすべて等しいと考える。つまり、ある状態だけを特別視しないということである。サイコロの出目が等確率で生じるという考えと同じである。ただし、目の確率が1から6まですべて等しいということを誰かが証明したわけではない。一方、ある目だけが出やすいとすれば、それも不合理である。よって、統計解析をする前提として、等確率の原理は必要不可欠で

あるし、なんら矛盾を生じない。

よって、統計力学では、等確率の原理をもとに解析を進めていくことになる。ここで、系がとりうる微視的状態の総数 (number of microscopic state) を W とすると、ひとつひとつの微視的状態の出現確率 (probability): p は

$$p(E,V,N) = \frac{1}{W(E,V,N)}$$

となる。

ここで、3個の変数を一度に変えたのでは、現象が複雑化する。よって、容器の体積 V も、粒子数 N も一定とする。そのうえで、エネルギー状態 E に対応した場合の数 W を考える。そして、エントロピー $S(E) = k_B \ln W(E)$ が最大となる条件が、系の平衡状態を与えるとして、熱力学変数を求めていくことになる。

エントロピーS が最大ということは、状態数 $W(E)$が最大となることと等価である。例えば、粒子数 N が一定という条件で、エネルギーE に対応した微視的状態を考え、その数が最大となる条件を見つければよいことになる。

1.2. カノニカル分布

ミクロカノニカル分布では、系の微視的状態の数 W をすべて抽出したうえで、エントロピーが最大となる条件、すなわち $dS = 0$ から系の平衡状態を導出する。

しかし、簡単な場合を除いて、系が取り得るすべての微視的状態を抽出する作業は面倒であり、かなりの手間を要する。そこで、微視的状態ではなく、系のエネルギー状態に着目して、平衡状態をえる手法が導入された。それが、カノニカル集団による方法である。

系の温度が T にあるときに取りうるエネルギー状態として $E_1, E_2, ..., E_n$ の n 個が存在するとしよう。カノニカル分布では、それぞれのエネルギー状態となる確率は

$$p_r = \frac{1}{Z}\exp\left(-\frac{E_r}{k_B T}\right)$$

と与えられる。ただし、Z は**規格化定数** (normalizing constant)である。確率の本質から

$$p_1 + p_2 + ... + p_n = 1$$

となるので

$$\frac{1}{Z}\left\{\exp\left(-\frac{E_1}{k_B T}\right) + \exp\left(-\frac{E_2}{k_B T}\right) + ... + \exp\left(-\frac{E_n}{k_B T}\right)\right\} = 1$$

から

$$Z = \exp\left(-\frac{E_1}{k_B T}\right) + \exp\left(-\frac{E_2}{k_B T}\right) + ... + \exp\left(-\frac{E_n}{k_B T}\right)$$

となる。

このとき、Zは**分配関数** (partition function) と呼ばれる。そして、Zは単なる規格化定数ではなく、統計力学では、系の解析において主役を演じる重要なパラメータとなる。また、統計力学では

$$\beta = \frac{1}{k_B T}$$

というパラメータをよく使う。これは**逆温度** (inverse temperature) と呼ばれる。逆温度を使うと、分配関数は

$$Z = \exp(-\beta E_1) + \exp(-\beta E_2) + ... + \exp(-\beta E_n) = \sum_{r=1}^{n} \exp(-\beta E_r)$$

となる。

統計力学の手法では、分配関数さえ導出できれば、数学的な操作によって、熱力学関数を求めることができる。これが大きな利点であり、よって、いかに系の分配関数を求めるかが統計力学を実際の物理に応用する場合の主題となる(ことが圧倒的に多い)。

では、どのようにして、分配関数から熱力学関数を求めることができるのであろうか。ここでは、分配関数Zから内部エネルギーUを求める操作を紹介しよう。系のエネルギーがE_rとなる確率をp_rとすると、系のトータル・エネルギー、すなわち内部エネルギーは

$$U = \langle E \rangle = \sum_{r=1}^{n} p_r E_r$$

と与えられる。

よって

$$U = \sum_{r=1}^{n} E_r \left\{ \frac{1}{Z} \exp(-\beta E_r) \right\} = \frac{1}{Z} \sum_{r=1}^{n} E_r \exp(-\beta E_r)$$

となる。

演習 1-1　分配関数 Z

$$Z = \exp\left(-\frac{E_1}{k_B T} \right) + \exp\left(-\frac{E_2}{k_B T} \right) + ... + \exp\left(-\frac{E_n}{k_B T} \right) = \sum_{r=1}^{n} \exp(-\beta E_r)$$

を逆温度βで微分せよ。

解）

$$\frac{dZ}{d\beta} = -\sum_{r=1}^{n} E_r \exp(-\beta E_r)$$

となる。

この結果を、先ほど求めた内部エネルギーUと比較すると

$$U = \frac{1}{Z} \sum_{r=1}^{n} E_r \exp(-\beta E_r) = -\frac{1}{Z} \frac{dZ}{d\beta}$$

という関係にあることがわかる。さらに

$$\frac{dZ}{Z} = d(\ln Z)$$

から

$$U = -\frac{d}{d\beta}(\ln Z)$$

とすることもできる。

同様にして、分配関数から、他の熱力学変数をすべて導出することが可能となる。これが統計力学の応用において、分配関数が主役を演じる理由である。

1.3.　統計力学の手法

それでは、統計力学の手法であるミクロカノニカル分布とカノニカル分布の手法を使って実際の系を解析してみよう。ここでは、粒子がとることのできるエネルギー準位は、0 とεの 2 準位とする。このとき、0 の準位は基底状態、そして、εの準位にある粒子は熱的に励起された状態にあると考えることができる。

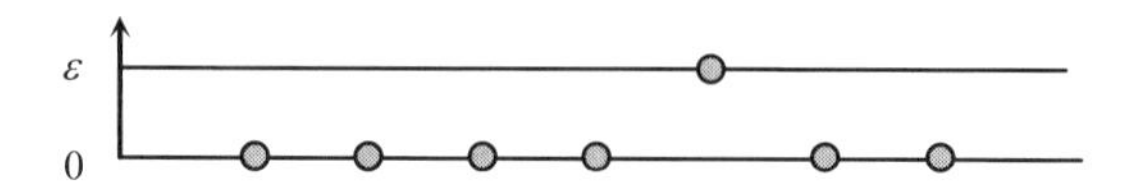

図 1-2　エネルギーが 0 とεからなる 2 準位系。エネルギー0 が基底状態、ε が熱的に励起された状態にある粒子。

1.3.1.　ミクロカノニカル分布による解析

まず、N 個の粒子からなる系のエネルギーE が与えられたものとしよう。すると、励起される粒子数を n とすると

$$E = n\varepsilon$$

となる。

このエネルギーに対応した場合の数 $W(E)$を計算してみよう。これは、N 個の粒子から n 個の粒子を選んで並べる場合の数に相当するから

$$W = \frac{N!}{n!\,(N-n)!}$$

となる。ここで

$$\ln W = \ln N! - \ln n! - \ln(N-n)!$$

となるが、スターリング近似

$$\ln N! = N\ln N - N$$

を使うと

$$\ln W = N\ln N - n\ln n - (N-n)\ln(N-n)$$

となる。

よって、エントロピーS は

$$S = k_B \ln W = k_B\{N \ln N - n \ln n - (N-n)\ln(N-n)\}$$

となる。

演習 1-2　体積 V が一定のとき、エントロピー S と温度 T との間には

$$\frac{dS}{dE} = \frac{1}{T} \qquad \left(\frac{dS}{dU} = \frac{1}{T}\right)$$

という関係が成立する（補遺 1 参照）。この式を利用して、温度 T において、励起されたエネルギー ε を有する粒子数 n を求めよ。

解）　$E = n\varepsilon$ から、E は n の関数となるので

$$\frac{dS}{dE} = \frac{dS}{dn}\frac{dn}{dE} = \frac{1}{\varepsilon}\frac{dS}{dn}$$

ここで

$$S = k_B\{N \ln N - n \ln n - (N-n)\ln(N-n)\}$$

から

$$\frac{1}{k_B}\frac{dS}{dn} = -\ln n + \ln(N-n) = \ln\frac{N-n}{n}$$

となる。したがって

$$\frac{dS}{dE} = \frac{k_B}{\varepsilon}\ln\frac{N-n}{n} = \frac{1}{T}$$

となる。

この式をさらに変形していくと

$$\ln\frac{N-n}{n} = \frac{\varepsilon}{k_B T} \qquad \text{より} \qquad \frac{N-n}{n} = \exp\left(\frac{\varepsilon}{k_B T}\right)$$

となる。よって

$$N = n + n\exp\left(\frac{\varepsilon}{k_B T}\right) = n\left\{\exp\left(\frac{\varepsilon}{k_B T}\right) + 1\right\}$$

から

$$n = \frac{N}{\exp(\varepsilon / k_B T) + 1}$$

と与えられる。

ここで、温度 T において励起される電子の確率 p は

$$p = \frac{n}{N} = \frac{1}{\exp(\varepsilon / k_B T) + 1}$$

となる。

さらに $E = n\varepsilon$ から

$$E = n\varepsilon = \frac{N\varepsilon}{\exp(\varepsilon / k_B T) + 1}$$

は、温度 T における系のエネルギー E を与える。図 1-3 にエネルギーの温度依存性を示す。

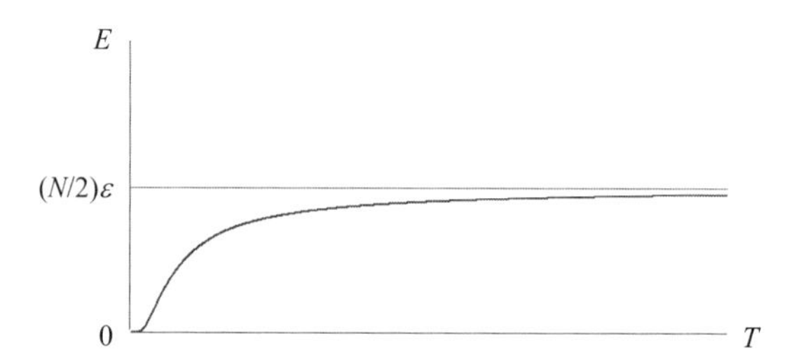

図 1-3 熱的に励起される N 粒子系のエネルギー(E)の温度依存性

ここで、$T \to 0$ のとき $\exp\left(\frac{\varepsilon}{k_B T}\right) \to \infty$ となるから

$$E = n\varepsilon = \frac{N\varepsilon}{\exp(\varepsilon / k_B T) + 1} \to 0$$

となり、絶対零度では、励起されている粒子は 0 となり、エネルギーも 0 となることがわかる。

つぎに

$$T \to \infty \qquad \text{のとき} \qquad \exp\left(\frac{\varepsilon}{k_B T}\right) \to \exp 0 = 1$$

となるから

$$E = n\varepsilon = \frac{N\varepsilon}{\exp(\varepsilon / k_B T) + 1} \to \frac{N}{2}\varepsilon$$

となり、高温では、半分の粒子が励起された状態となることがわかる。

ところで、この結果はいささか不思議である。温度が上がれば、熱的に励起された粒子数は増えていくので、単純に考えれば、すべての粒子が、エネルギー準位εに励起されないのだろうか。

実は、その理由はエントロピーにある。エントロピーSは、場合の数

$$W = \frac{N!}{n!(N-n)!}$$

に依存するが、この値は、$n=N/2$ で最大値をとり、$n>N/2$ ではnの増加とともに急激に低下する。そして、$n=N$のとき $W=1$ となり、エントロピーは$S = 0$となってしまうのである。このため、いくら温度が高いからといって、すべての粒子がエネルギー準位εに励起されるのではなく、エントロピー効果によって、$n=N/2$の状態が保たれるのである。

1.3.2.　カノニカル分布による解析

前節で取り扱ったエネルギーが 2 準位で、N粒子からなる系をカノニカル分布の手法で解析してみよう。

この手法では、系のエネルギー状態を考える。最もエネルギーの低い状態は、すべての粒子が基底状態のエネルギー準位 0 にある状態で

$$E_0 = 0\varepsilon = 0$$

となる。さらに、この後

$$E_1 = 1\varepsilon = \varepsilon\,,\ \ E_2 = 2\varepsilon\,,\ \ E_3 = 3\varepsilon\,, \ldots,\ \ E_r = r\varepsilon\,, \ldots,\ \ E_N = N\varepsilon$$

とエネルギーが増えていく。このとき、カノニカル分布では、系の温度がTとなるとき、系のエネルギーがE_rにある確率は

$$p_r = \frac{1}{Z}\exp\left(-\frac{E_r}{k_B T}\right)$$

と与えられる。ただし、ここで縮重について気をつけなければならない。それは、r個の粒子が熱的に励起された状態の数が

$$W(r)=\frac{N!}{r!(N-r)!}$$

だけあるという事実である。これを**縮重度** (degree of degeneracy) と呼んでいる。このとき、系のエネルギーが E_r となる確率は

$$p_r=\frac{1}{Z}W(r)\exp\left(-\frac{E_r}{k_BT}\right)=\frac{1}{Z}\frac{N!}{r!(N-r)!}\exp\left(-\frac{r\varepsilon}{k_BT}\right)$$

と修正される。

また、縮重度を考慮すると、分配関数は

$$Z=1+N\exp\left(-\frac{\varepsilon}{k_BT}\right)+...+\frac{N!}{r!(N-r)!}\exp\left(-\frac{r\varepsilon}{k_BT}\right)+...+\exp\left(-\frac{N\varepsilon}{k_BT}\right)$$

$$={}_NC_0+{}_NC_1\exp\left(-\frac{\varepsilon}{k_BT}\right)+...+{}_NC_r\left\{\exp\left(-\frac{\varepsilon}{k_BT}\right)\right\}^r+...+{}_NC_N\left\{\exp\left(-\frac{\varepsilon}{k_BT}\right)\right\}^N$$

となる。

これは 2 項定理を思い出すと

$$Z=\left\{1+\exp\left(-\frac{\varepsilon}{k_BT}\right)\right\}^N$$

とまとめられる。そして、これが 2 準位 N 粒子系の分配関数となる。

統計力学では

$$\beta=\frac{1}{k_BT}$$

というパラメータをよく使い、**逆温度** (inverse temperature) と呼んでいる。ボルツマン定数 k_B がかかっているので、正式には逆温度という用語は正しくないが、慣例で、この用語を使用している。このとき Z は

$$Z=\{1+\exp(-\beta\varepsilon)\}^N$$

となる。

カノニカル分布の利点は、いったん分配関数がえられれば、後は、数学的な操作によって、熱力学変数の値を求めることができる点にある。

演習 1-3　系の分配関数が $Z=\left\{1+\exp\left(-\beta\varepsilon\right)\right\}^{N}$ と与えられるとき、内部エネルギー U を、逆温度 β を使って表現せよ。

解）　内部エネルギーは

$$U=-\frac{\partial}{\partial\beta}(\ln Z)$$

と与えられる。

ここで

$$\ln Z=N\ln\left\{1+\exp\left(-\beta\varepsilon\right)\right\}$$

から

$$U=-\frac{\partial}{\partial\beta}(\ln Z)\ =\frac{N\varepsilon}{1+\exp(\beta\varepsilon)}$$

となる。

内部エネルギーを温度表示にすれば

$$U=\frac{N\varepsilon}{\exp(\varepsilon/k_BT)+1}$$

となって、ミクロカノニカル分布の手法で求めたエネルギーと一致する。このように、アプローチ方法が異なっても、同じ物理現象を対象とした場合、結果は同じものとなる。

ここで、重要な事項についても復習しておこう。いま、N 粒子系の分配関数として $\left\{1+\exp\left(-\beta\varepsilon\right)\right\}^{N}$ を示したが、実は

$$Z(1)=1+\exp(-\beta\varepsilon)=\exp(-\beta 0)+\exp(-\beta\varepsilon)$$

は 1 粒子系の分配関数に相当する。粒子が 1 個しかないのに系と呼ぶのは違和感があるが、慣例でこう呼ぼう。そして、粒子間の相互作用がなければ、N 粒子系の分配関数は

$$Z(N)=\left\{1+\exp(-\beta\varepsilon)\right\}^{N}=Z(1)^{N}$$

のように、1 粒子系の分配関数を N 乗すればよいだけなのである。

実は、1 粒子系の分配関数とは、系において粒子が占有することのできるエネ

ルギー状態（あるいは部屋の数）に対応しているのである。よって、系の分配関数と呼ぶこともある。

そして、系の分配関数さえ求められれば、N 粒子系の分配関数は、それを N 乗することで求められるのである。よって、統計力学においては、系（1 粒子系）の分配関数を求めることが基本となる。これは、統計力学の応用において、重要かつ有用な性質である。

1.4. グランドカノニカル分布

統計力学の応用においては、ミクロカノニカルとカノニカル分布が基本となり、その中でも、カノニカル分布における分配関数が最も重要な役割を担うことになる。

ただし、物理現象によっては、粒子数が変化する場合がある。また、ある現象を解析する場合に、粒子数 N を固定すると、かえって解析が複雑化する場合もある。そこで、粒子数が変化する系に対処する手法として**グランドカノニカル分布** (grand canonical distribution) が導入された。

ただし、グランドカノニカル分布における基本は、系の状態が粒子数の影響も含めてボルツマン因子

$$\exp\left(-\frac{E}{k_B T}\right)$$

に比例するということである。

つまり、系のエネルギーE に粒子数 N の影響を取り入れればよいことになる。このために、**化学ポテンシャル** (chemical potential) と呼ばれる熱力学変数 μ を導入する。粒子 1 個あたりのエネルギー（正式には自由エネルギー）に相当する。こうすれば、系のエネルギーが粒子数 N の関数として表現できる。

ここで、化学ポテンシャル μ は、定圧下では、ギブス自由エネルギーG の粒子数依存性、定積下では、ヘルムホルツ自由エネルギーF の粒子数依存性に対応し

$$\mu = \left(\frac{\partial G}{\partial N}\right)_{T,P} \qquad \mu = \left(\frac{\partial F}{\partial N}\right)_{T,V}$$

と与えられる。

例えば、定積下では、温度一定のとき

$$\mu = F(N+1) - F(N) \quad \text{から} \quad F(N+1) = F(N) + \mu$$

となる。

これは、系に粒子 1 個が加わると、自由エネルギーがμだけ増加するということを示している。ただし、μは負の値をとることもあり、その場合は、粒子増加によって系のエネルギーは低下することになる。さらに、μには温度依存性があり、想定している系によっては、それを無視できない場合もある。

ここで、$F=U-TS$（補遺 1 参照）から $dF=dU-TdS-SdT$ であるが、いま考えている系では温度一定であり、また、エントロピーが最大となる平衡状態を考えているので、$dS=0$ となり、$dF=dU$ となり

$$\mu = \left(\frac{\partial U}{\partial N}\right)_{V,S}$$

から、μが直接、内部エネルギーUの成分 (μN) となる。

ここで、粒子数が N の場合の系のエネルギーをカノニカル分布の手法で求めた値を $E_r(N)$とすれば、粒子の影響を取り入れた系のエネルギーは

$$E = E_r(N) - \mu N$$

と与えられる。

つまり、ボルツマン因子は

$$\exp\left(-\frac{E_r(N) - \mu N}{k_B T}\right)$$

となるのである（『なるほど統計力学』（海鳴社）参照）。

よって、グランドカノニカル分布では、系のエネルギー状態が E_rとなり、粒子数が N となる確率が

$$p(E_r, N) \propto \exp\left(-\frac{E_r(N) - \mu N}{k_B T}\right) = \exp\left(-\frac{E_r(N)}{k_B T}\right)\exp\left(\frac{\mu N}{k_B T}\right)$$

$$= \left\{\exp\left(\frac{\mu}{k_B T}\right)\right\}^N \exp\left(-\frac{E_r(N)}{k_B T}\right)$$

に比例することになる。

演習 1-4　グランドカノニカル分布における分配関数を求めよ。

解）　因子 $\exp\left(-\dfrac{E_r(N)-\mu N}{k_B T}\right)$ に関して、すべて可能な r と N についての和をとればよいので

$$Z_G = \sum_{N=0}^{\infty}\sum_{r=0}^{\infty}\exp\left(-\frac{E_r(N)-\mu N}{k_B T}\right)$$

となるが、計算方法としては、まず、N を固定して、この系の分配関数

$$Z_N = \exp\left(-\frac{\mu N}{k_B T}\right)\sum_{r=0}^{\infty}\exp\left(-\frac{E_r(N)}{k_B T}\right)$$

を求める。

そのうえで、N に関しての和をとればよいので

$$Z_G = \sum_{N=0}^{\infty}\exp\left(-\frac{\mu N}{k_B T}\right)\sum_{r=0}^{\infty}\exp\left(-\frac{E_r(N)}{k_B T}\right)$$

となる。

よって

$$p(E_r, N) = \frac{1}{Z_G}\exp\left(-\frac{E_r(N)-\mu N}{k_B T}\right)$$

となる。

グランドカノニカル分布の利点は、エネルギーの範囲や粒子数に制限がないということである。よって、和をとる範囲はエネルギーも粒子数も 0 から∞までとなる。そして、グランドカノニカル分布では、カノニカル分布と区別するために、その分配関数を**大分配関数** (grand partition function) と呼び、Z_G のように表記する。Ξという記号（ξ：グザイ　の大文字）を採用する場合もある。

大分配関数においては

$$\exp\left(\frac{\mu}{k_B T}\right) = \lambda$$

とおいて

$$Z_G = \sum_{N=0}^{\infty}\sum_{r=0}^{\infty}\lambda^N \exp\left(-\frac{E_r(N)}{k_B T}\right) = \sum_{N=0}^{\infty}\lambda^N \sum_{r=0}^{\infty}\exp\left(-\frac{E_r(N)}{k_B T}\right)$$

とすることもある。

ここで、大分配関数の成分である

$$Z(N) = \sum_{r=0}^{\infty}\exp\left(-\frac{E_r(N)}{k_B T}\right)$$

は、まさに N 粒子系のカノニカル分布の分配関数である。つまり、系のカノニカル分布による解析ができれば、大分配関数は容易にえられるのである。また、確率は

$$p(E_r, N) = \frac{\lambda^N}{Z_G}\exp\left(-\frac{E_r(N)}{k_B T}\right)$$

となる。

第2章　分配関数

統計力学の応用においては、**カノニカル分布** (canonical distribution)と、**分配関数** (partition function) が主役を演じる。「分配関数を求めるのが統計力学である」という考えもある。そこで、復習の意味も兼ねて、カノニカル分布の手法を再確認しておこう。

まず、基本にあるのは、系のエネルギーが E となる確率がボルツマン因子

$$\exp\left(-\frac{E}{k_B T}\right)$$

に比例するという事実である。

ここで、温度 T にある系が取りうるエネルギー状態として $E_1, E_2, ..., E_n$ の n 個が存在するとしよう。すると、それぞれのエネルギー状態となる確率は $1/Z$ を規格化係数として

$$p_1 = \frac{1}{Z}\exp\left(-\frac{E_1}{k_B T}\right), \quad p_2 = \frac{1}{Z}\exp\left(-\frac{E_2}{k_B T}\right), \quad ..., \quad p_n = \frac{1}{Z}\exp\left(-\frac{E_n}{k_B T}\right)$$

と与えられる。確率の性質から

$$p_1 + p_2 + ... + p_n = 1$$

となるので

$$\frac{1}{Z}\left\{\exp\left(-\frac{E_1}{k_B T}\right) + \exp\left(-\frac{E_2}{k_B T}\right) + ... + \exp\left(-\frac{E_n}{k_B T}\right)\right\} = 1$$

から、Z は

$$Z = \exp\left(-\frac{E_1}{k_B T}\right) + \exp\left(-\frac{E_2}{k_B T}\right) + ... + \exp\left(-\frac{E_n}{k_B T}\right)$$

と与えられる。

この Z を**分配関数** (partition function) と呼ぶのであった。いまの導出過程だけをみれば、分配関数 Z は確率の和を 1 とするための**規格化定数** (normalizing constant) となっているが、すでに紹介したように、統計力学では、系の状態解析において主役を演じる重要なパラメータであり、**状態和** (sum over states) と呼ばれることもある。

逆温度 $\beta = 1/k_B T$ を使えば、分配関数と確率は

$$Z = \sum_{r=1}^{n} \exp(-\beta E_r) \qquad\qquad p_r = \frac{1}{Z}\exp(-\beta E_r)$$

と表記できる。

ここで、系の平均エネルギーは

$$<E> = p_1 E_1 + p_2 E_2 + \ldots + p_n E_n$$

と与えられるが、これは

$$<E> = \frac{1}{Z}\left\{E_1 \exp(-\beta E_1) + E_2 \exp(-\beta E_2) + \ldots + E_n \exp(-\beta E_n)\right\}$$

となる。ここで

$$\frac{\partial Z}{\partial \beta} = -\sum_{r=1}^{n} E_r \exp(-\beta E_r)$$

であるから

$$<E> = -\frac{1}{Z}\frac{\partial Z}{\partial \beta}$$

という関係にある。

系の平均エネルギーは、平衡状態における内部エネルギー U に等しいから

$$U = -\frac{1}{Z}\frac{dZ}{d\beta} = -\frac{d}{d\beta}(\ln Z)$$

と与えられる。

実は、Z の中には、系がとりうる全てのエネルギー状態 E_r と平衡状態における系の温度 T の情報が入っている。分配関数 Z が状態和と呼ばれる所以である。したがって、Z をうまく操作すれば、系の状態に関する情報がえられるのである。例えば、分配関数

$$Z = \exp(-\beta E_1) + \exp(-\beta E_2) + \ldots + \exp(-\beta E_n)$$

をβで偏微分すれば

$$\frac{\partial Z}{\partial \beta} = -E_1 \exp(-\beta E_1) - E_2 \exp(-\beta E_2) - \ldots - E_n \exp(-\beta E_n)$$

$$= -E_1 \exp\left(-\frac{E_1}{k_B T}\right) - E_2 \exp\left(-\frac{E_2}{k_B T}\right) - \ldots - E_n \exp\left(-\frac{E_n}{k_B T}\right)$$

となり、exp の中に隠れていた系のとりうるエネルギー状態の $E_1, E_2, \ldots, E_n$ を、外に取り出すことができる。この結果、分配関数に適当な数学的処理を施せば、いろいろな熱力学変数をえることが可能となるのである。

演習 2-1　ギブス・ヘルムホルツの式　(補遺 1 参照)

$$\frac{d}{dT}\left(\frac{F}{T}\right) = -\frac{U}{T^2}$$

を利用して、ヘルムホルツの自由エネルギーを分配関数 Z で示せ。

解)　この式は、温度を変数としているので

$$U = -\frac{d}{d\beta}(\ln Z)$$

の変数を逆温度 β から温度 T に変換しよう。

$$U = -\frac{d}{d\beta}(\ln Z) = -\frac{dT}{d\beta}\frac{d}{dT}(\ln Z)$$

として

$$\beta = \frac{1}{k_B T}$$

から

$$d\beta = -\frac{1}{k_B T^2} dT \qquad \text{より} \qquad \frac{dT}{d\beta} = -k_B T^2$$

であるから

$$U = k_B T^2 \frac{d}{dT}(\ln Z) \qquad \text{あるいは} \qquad \frac{d}{dT}(\ln Z) = \frac{U}{k_B T^2}$$

となる。この結果と

$$\frac{d}{dT}\left(\frac{F}{T}\right) = -\frac{U}{T^2}$$

の対比から

$$\frac{F}{T} = -k_B \ln Z$$

という関係にあることがわかる。したがって、ヘルムホルツの自由エネルギーは、分配関数 Z を使うと

$$F = -k_B T \ln Z$$

と与えられる。

このように、ヘルムホルツの自由エネルギー F が、分配関数 Z によって、実に簡単に

$$F = -k_B T \ln Z$$

と与えられるのである。

このように、統計力学の応用にあたっては、系の分配関数 Z をいかに導出するかが重要となる。そして、いったん、分配関数がえられれば、あとは、簡単な数学的操作（簡単ではない場合もある）によって、重要な熱力学特性をえることができるのである。そこで、これ以降は、具体的な分配関数の導出方法について紹介していこう。

2. 1.　分配関数の導出

2. 1. 1.　2 準位 1 粒子系

まず、エネルギー準位として、$\varepsilon_1 = u$ と $\varepsilon_2 = 2u$ の 2 準位からなる 1 粒子の系を考えよう。すると、粒子の微視的状態は図 2-1 のような 2 個となる。

よって、粒子がとりうるエネルギー状態は $\varepsilon_1 = u$ あるいは $\varepsilon_2 = 2u$ のいずれかであるので、この系の分配関数は

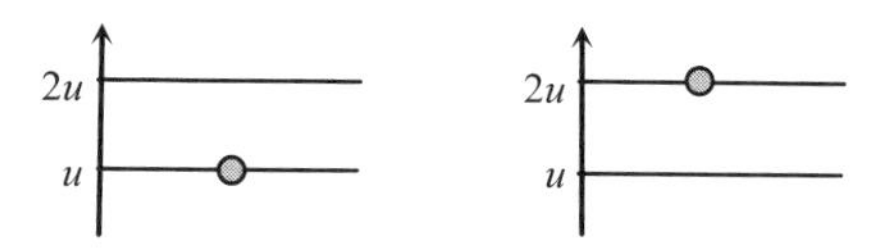

図 2-1　エネルギーが 2 準位の場合に、1 粒子がとりうる微視的状態。

$$Z = \exp\left(-\frac{\varepsilon_1}{k_B T}\right) + \exp\left(-\frac{\varepsilon_2}{k_B T}\right) = \exp\left(-\frac{u}{k_B T}\right) + \exp\left(-\frac{2u}{k_B T}\right)$$

となる。

このとき、粒子が$\varepsilon_1 = u$ というエネルギー準位を占める確率は

$$p_1 = \frac{1}{Z}\exp\left(-\frac{\varepsilon_1}{k_B T}\right) = \frac{1}{Z}\exp\left(-\frac{u}{k_B T}\right)$$

と与えられることになる。

演習 2-2　エネルギー準位が$\varepsilon_1 = u$ と$\varepsilon_2 = 2u$ の 2 準位からなる 1 粒子の系において、温度が $T = 10u/k_B$ ($k_B T = 10u$) のとき、粒子がエネルギー準位$\varepsilon_2 = 2u$ を占める確率を求めよ。

解）　この温度における分配関数は

$$Z = \exp\left(-\frac{u}{k_B T}\right) + \exp\left(-\frac{2u}{k_B T}\right) = \exp\left(-\frac{u}{10u}\right) + \exp\left(-\frac{2u}{10u}\right) = e^{-0.1} + e^{-0.2} = 1.724$$

となる。

したがって、粒子がエネルギー準位$\varepsilon_2 = 2u$ を占める確率は

$$p_2 = \frac{1}{Z}\exp\left(-\frac{\varepsilon_2}{k_B T}\right) = \frac{1}{Z}\exp\left(-\frac{2u}{10u}\right) = \frac{1}{1.724}e^{-0.2} = 0.475$$

となる。

この粒子がエネルギー準位を$\varepsilon_1 = u$ を占める確率は

$$p_1 = \frac{1}{Z}\exp\left(-\frac{\varepsilon_1}{k_B T}\right) = \frac{1}{Z}\exp\left(-\frac{u}{10u}\right) = \frac{1}{1.724}e^{-0.1} = 0.525$$

と与えられ、当然のことながら $p_1 + p_2 = 1$ という関係を満足している。

演習 2-3　エネルギー準位が $\varepsilon_1 = u$ と $\varepsilon_2 = 2u$ の 2 準位からなる 1 粒子の系において、温度が $T = 100u/k_B$ ($k_B T = 100u$)のとき、粒子がエネルギー準位 $\varepsilon_2 = 2u$ を占める確率を求めよ。

解）　この温度における分配関数は

$$Z = \exp\left(-\frac{u}{k_B T}\right) + \exp\left(-\frac{2u}{k_B T}\right) = \exp\left(-\frac{u}{100u}\right) + \exp\left(-\frac{2u}{100u}\right) = e^{-0.01} + e^{-0.02} = 1.97$$

となる。したがって、粒子がエネルギー準位 $\varepsilon_2 = 2u$ を占める確率は

$$p_2 = \frac{1}{Z}\exp\left(-\frac{\varepsilon_2}{k_B T}\right) = \frac{1}{Z}\exp\left(-\frac{2u}{100u}\right) = \frac{1}{1.97}e^{-0.02} = 0.497$$

となる。

このように、温度が上昇すれば、粒子がエネルギーの高い準位を占める確率が増える。これは、ごく当たり前の結果であろう。

演習 2-4　固体はスピンという磁気特性を有する。スピンには、$+\sigma$と $-\sigma$ の 2 種類の磁気モーメントがあり、外部磁場 H を印加したとき、そのエネルギーは、磁場に平行の場合は下がって $\varepsilon_1 = -\sigma H$ となり、磁場に反平行の場合、エネルギーは高くなり $\varepsilon_2 = \sigma H$ となる。温度 T におけるスピンの分布の確率を求めよ。

解）　分配関数 Z は

$$Z = \exp\left(\frac{\sigma H}{k_B T}\right) + \exp\left(-\frac{\sigma H}{k_B T}\right)$$

となる。

そして、磁場が平行となる確率を p_1, 反平行となる確率を p_2 とすると

$$p_1 = \frac{1}{Z}\exp\left(\frac{\sigma H}{k_B T}\right) \qquad p_2 = \frac{1}{Z}\exp\left(-\frac{\sigma H}{k_B T}\right)$$

となる。

ちなみに、平行と反平行となる格子点の確率分布を磁場 H の関数としてグラフ化すると、図 2-2 のようになる。

外部磁場 H が 0 の状態では、それぞれの確率は 0.5 であるが、磁場 H の増加とともに、平行スピンの確率が増え、逆に反平行スピンの確率は減っていく。つまり、磁場が強くなると、材料は外部磁場と同じ方向に磁化されるのである。

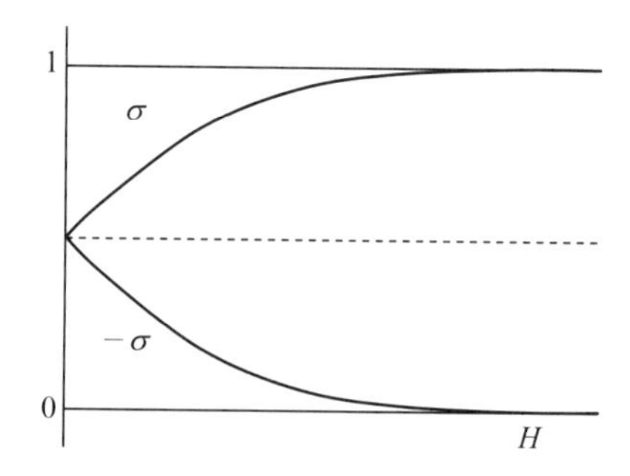

図 2-2 磁場に平行なスピンと反平行なスピンの確率分布の磁場依存性

2. 1. 2. 2 準位多粒子系

それでは、エネルギー準位が 2 つで、粒子が 2 個の系では分配関数はどうなるであろうか。ここでは、1 個の系と区別するために、2 個の系の分配関数を $Z(2)$ と表記する。同様に、今後は、N 個の系に対応した分配関数は $Z(N)$のように表記する。

さて、エネルギー準位が 2 個の場合に、2 個の粒子を配置する方法は図 2-3 に示したようになる。つまり、4 個の微視的状態が存在することになる。

それでは、分配関数を求めてみよう。この場合に系が取りうるエネルギーは

$$E_1 = 2\varepsilon_1 = 2u \qquad E_2 = \varepsilon_2 + \varepsilon_1 = 3u \qquad E_2 = \varepsilon_1 + \varepsilon_2 = 3u \qquad E_3 = 2\varepsilon_2 = 4u$$

の 3 通りとなる。

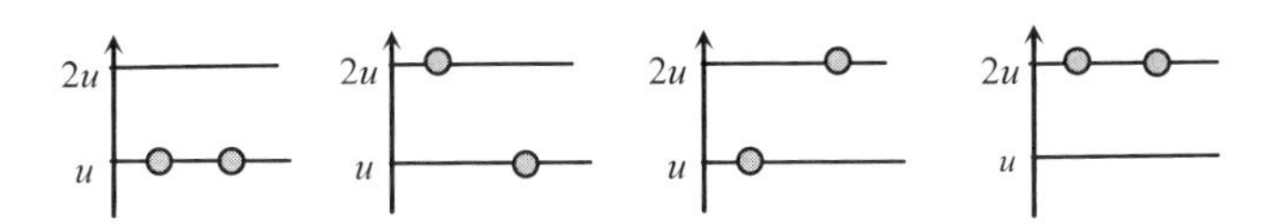

図 2-3　エネルギーが 2 準位の場合に、2 個の粒子からなる系がとりうる微視的状態。ただし、各粒子は区別できるものと考えている。

ここで、注意するのは、$E_2 = 3u$ には、2 個の微視的状態が対応しており、このエネルギーは 2 重に縮重しているという事実である。つまり、微視的状態は 4 個あるが、エネルギー状態は 3 個しかない。このとき、分配関数は

$$Z(2) = \exp\left(-\frac{E_1}{k_B T}\right) + 2\exp\left(-\frac{E_2}{k_B T}\right) + \exp\left(-\frac{E_3}{k_B T}\right)$$

$$= \exp\left(-\frac{2u}{k_B T}\right) + 2\exp\left(-\frac{3u}{k_B T}\right) + \exp\left(-\frac{4u}{k_B T}\right)$$

となる。

通常は、このような表記をしないが、この分配関数は

$$Z(2) = \exp\left(-\frac{E_1}{k_B T}\right) + \exp\left(-\frac{E_2}{k_B T}\right) + \exp\left(-\frac{E_2}{k_B T}\right) + \exp\left(-\frac{E_3}{k_B T}\right)$$

のように縮重を入れない表記も可能ではある。

演習 2-5　2 準位 1 粒子系の分配関数 $Z = \exp\left(-\frac{u}{k_B T}\right) + \exp\left(-\frac{2u}{k_B T}\right)$ の 2 乗を計算せよ。

解） $$Z^2 = \left\{\exp\left(-\frac{u}{k_B T}\right) + \exp\left(-\frac{2u}{k_B T}\right)\right\}^2$$

$$= \left\{\exp\left(-\frac{u}{k_B T}\right)\right\}^2 + 2\exp\left(-\frac{u}{k_B T}\right)\exp\left(-\frac{2u}{k_B T}\right) + \left\{\exp\left(-\frac{2u}{k_B T}\right)\right\}^2$$

$$= \exp\left(-\frac{2u}{k_B T}\right) + 2\exp\left(-\frac{3u}{k_B T}\right) + \exp\left(-\frac{4u}{k_B T}\right)$$

となる。

実は、1 粒子系の分配関数 Z がわかれば、2 粒子系の分配関数は

$$Z(2) = Z^2$$

と与えられるのである。

そして、N 粒子系では

$$Z(N) = Z^N$$

となる。

この関係については、前章でも紹介している。さらに、1 粒子系の分配関数は、粒子が占有できる部屋を示すものであり、そのため、系の分配関数と呼ぶことも紹介した。

ただし、粒子間に相互作用がある場合には、この関係は成立しないことに注意する必要がある。例えば、引力相互作用があると、粒子が集まったほうがエネルギー的に安定となり、特殊な微視的状態の出現確率が高くなるからである。

しかし、相互作用を取り入れると、エネルギー計算が大変複雑となる。さらに、相互作用を考えない場合においても、本質的な物理的描像をえることはできる。よって、$Z(N) = Z^N$ という関係は統計力学において大変有用かつ重要となる。

どうしても、相互作用を考慮する必要がある場合には、後から、その項を付加して、どう系が変化するかを考えればよいのである。この手法については、後ほど紹介する。

$Z(N) = Z^N$ の関係を利用すると、2 準位 3 粒子系の分配関数は

$$Z(3) = Z^3 = \left\{\exp\left(-\frac{\varepsilon_1}{k_B T}\right) + \exp\left(-\frac{\varepsilon_2}{k_B T}\right)\right\}^3 = \left\{\exp\left(-\frac{u}{k_B T}\right) + \exp\left(-\frac{2u}{k_B T}\right)\right\}^3$$

と与えられることになる。

ここで、この関係が成立するかどうか確認するために、まず、2 準位 3 粒子系の微視的状態を考えたうえで、その分配関数を求めてみよう。

エネルギー準位が、$\varepsilon_1 = u$ と $\varepsilon_2 = 2u$ の 2 準位からなり、3 個の粒子からなる系

のとりうる微視的状態は $2^3=8$ となる。図2-4に、それぞれのエネルギー状態E_rに対応した微視的状態を示す。

ただし、微視的状態のいくつかは、同じエネルギーに縮重しているため、系がとりうるエネルギーE_rは、$E_1=3u$, $E_2=4u$, $E_3=5u$, $E_4=6u$ の4種類である。よって、この系の分配関数は

$$Z(3)=\exp\left(-\frac{E_1}{k_BT}\right)+3\exp\left(-\frac{E_2}{k_BT}\right)+3\exp\left(-\frac{E_3}{k_BT}\right)+\exp\left(-\frac{E_4}{k_BT}\right)$$
$$=\exp\left(-\frac{3u}{k_BT}\right)+3\exp\left(-\frac{4u}{k_BT}\right)+3\exp\left(-\frac{5u}{k_BT}\right)+\exp\left(-\frac{6u}{k_BT}\right)$$

となる。

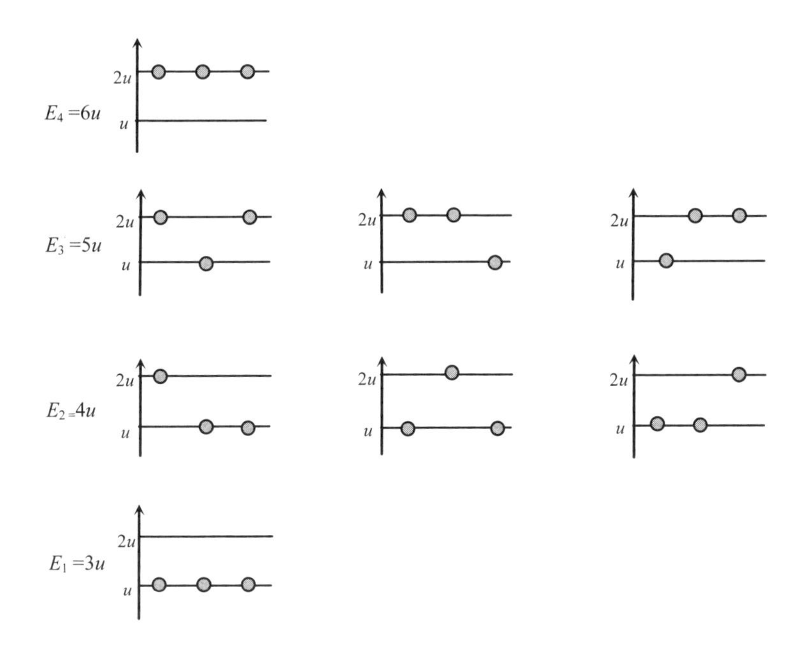

図2-4　2準位3粒子系の8個の微視的状態。$E_2=4u$ と $E_3=5u$ には3個の微視的状態が縮重している。

演習 2-6　2 準位 1 粒子系の分配関数 $Z = \exp\left(-\frac{u}{k_B T}\right) + \exp\left(-\frac{2u}{k_B T}\right)$ の 3 乗を計算せよ。

解）
$$Z^3 = \left\{\exp\left(-\frac{u}{k_B T}\right) + \exp\left(-\frac{2u}{k_B T}\right)\right\}^3$$

$$= \left\{\exp\left(-\frac{u}{k_B T}\right)\right\}^3 + 3\left\{\exp\left(-\frac{u}{k_B T}\right)\right\}^2 \exp\left(-\frac{2u}{k_B T}\right)$$

$$+ 3\exp\left(-\frac{u}{k_B T}\right)\left\{\exp\left(-\frac{2u}{k_B T}\right)\right\}^2 + \left\{\exp\left(-\frac{2u}{k_B T}\right)\right\}^3$$

$$= \exp\left(-\frac{3u}{k_B T}\right) + 3\exp\left(-\frac{4u}{k_B T}\right) + 3\exp\left(-\frac{5u}{k_B T}\right) + \exp\left(-\frac{6u}{k_B T}\right)$$

となる。

したがって、$Z(3) = Z^3$ となることが確かめられる。一般式で示せば、2 準位 1 粒子系の分配関数を

$$Z = \exp\left(-\frac{\varepsilon_1}{k_B T}\right) + \exp\left(-\frac{\varepsilon_2}{k_B T}\right)$$

とすれば、2 粒子系では

$$Z(2) = Z^2 = \exp\left(-\frac{2\varepsilon_1}{k_B T}\right) + 2\exp\left(-\frac{\varepsilon_1 + \varepsilon_2}{k_B T}\right) + \exp\left(-\frac{2\varepsilon_2}{k_B T}\right)$$

となり、3 粒子系では

$$Z(3) = Z^3 = \exp\left(-\frac{3\varepsilon_1}{k_B T}\right) + 3\exp\left(-\frac{2\varepsilon_1 + \varepsilon_2}{k_B T}\right) + 3\exp\left(-\frac{\varepsilon_1 + 2\varepsilon_2}{k_B T}\right) + \exp\left(-\frac{3\varepsilon_2}{k_B T}\right)$$

となる。

そして、N 粒子系では

$$Z(N) = Z^N = \exp\left(-\frac{N\varepsilon_1}{k_B T}\right) + {}_N C_{N-1} \exp\left(-\frac{(N-1)\varepsilon_1 + \varepsilon_2}{k_B T}\right) + {}_N C_{N-2} \exp\left(-\frac{(N-2)\varepsilon_1 + 2\varepsilon_2}{k_B T}\right)$$

$$+ .... + {}_N C_2 \exp\left(-\frac{2\varepsilon_1 + (N-2)\varepsilon_2}{k_B T}\right) + {}_N C_1 \exp\left(-\frac{\varepsilon_1 + (N-1)\varepsilon_2}{k_B T}\right) + \exp\left(-\frac{N\varepsilon_2}{k_B T}\right)$$

と与えられることになる。

このように、1 粒子系の分配関数が与えられれば、相互作用のない多粒子系の分配関数は、粒子数 N のべき乗によって容易に与えられるのである。

2. 2.　3 準位系

それでは、エネルギー準位が $\varepsilon_1 = u,\ \varepsilon_2 = 2u,\ \varepsilon_3 = 3u$ の 3 準位の系について、分配関数を考えてみよう。まず、1 粒子系を考える。3 準位 1 粒子系の微視的状態は、いずれかの準位に 1 個の粒子を配するというもので、3 個しかない。考えられるエネルギー状態も 3 種類であり、その分配関数は

$$Z = \exp\left(-\frac{\varepsilon_1}{k_B T}\right) + \exp\left(-\frac{\varepsilon_2}{k_B T}\right) + \exp\left(-\frac{\varepsilon_3}{k_B T}\right)$$

$$= \exp\left(-\frac{u}{k_B T}\right) + \exp\left(-\frac{2u}{k_B T}\right) + \exp\left(-\frac{3u}{k_B T}\right)$$

となる。

演習 2-7　エネルギー準位が $\varepsilon_1 = u,\ \varepsilon_2 = 2u,\ \varepsilon_3 = 3u$ の 3 準位からなる 2 粒子系の分配関数 $Z(2)$ を求めよ。

解)　$Z(2) = Z^2$ という関係を利用する。すると

$$Z^2 = \left\{\exp\left(-\frac{u}{k_B T}\right) + \exp\left(-\frac{2u}{k_B T}\right) + \exp\left(-\frac{3u}{k_B T}\right)\right\}^2$$

$$= \left\{\exp\left(-\frac{u}{k_B T}\right)\right\}^2 + \left\{\exp\left(-\frac{2u}{k_B T}\right)\right\}^2 + \left\{\exp\left(-\frac{3u}{k_B T}\right)\right\}^2 +$$

$$+2\exp\left(-\frac{u}{k_BT}\right)\exp\left(-\frac{2u}{k_BT}\right)+2\exp\left(-\frac{2u}{k_BT}\right)\exp\left(-\frac{3u}{k_BT}\right)+2\exp\left(-\frac{3u}{k_BT}\right)\exp\left(-\frac{u}{k_BT}\right)$$

$$=\exp\left(-\frac{2u}{k_BT}\right)+2\exp\left(-\frac{3u}{k_BT}\right)+3\exp\left(-\frac{4u}{k_BT}\right)+2\exp\left(-\frac{5u}{k_BT}\right)+\exp\left(-\frac{6u}{k_BT}\right)$$

となる。

この導出方法は技巧的であるので、微視的状態を考えたうえで、あらためて、分配関数を求めてみよう。まず、エネルギー準位が 3 個の 2 粒子系の微視的状態の数は $3^2 = 9$ 個となる。

そのうえで、2 個の系のとりうるエネルギー状態の種類を考えるのである。もっともエネルギーが高いのは、2 個の粒子のエネルギー準位が 2 個とも最高の $\varepsilon_3 = 3u$ の場合でエネルギー状態は $E_r = 6u$ となる。一方、もっとも低いのは、2 個の粒子のエネルギー準位が 2 個とも最低準位の $\varepsilon_1 = u$ にある場合で $E_r = 2u$ となる。よって、2 粒子系のとりうるエネルギー状態は $E_1 = 2u$, $E_2 = 3u$, $E_3 = 4u$, $E_4 = 5u$, $E_5 = 6u$ の 5 種類となる。そのうえで配置方法を示すと、表 2-1 のようになる。

表 2-1　3 準位 2 粒子系における微視的状態

E_r		A	B	A	B	A	B
E_1	$2u$	u	u				
E_2	$3u$	u	$2u$	$2u$	u		
E_3	$4u$	u	$3u$	$3u$	u	$2u$	$2u$
E_4	$5u$	$2u$	$3u$	$3u$	$2u$		
E_5	$6u$	$3u$	$3u$				

ここでは、2 個の粒子を A, B と区別している。表からわかるように、E_2, E_4 のエネルギー状態が 2 重に縮重し、E_3 は 3 重に縮重している。よって、分配関数

は

$$Z(2) = \exp\left(-\frac{2u}{k_B T}\right) + 2\exp\left(-\frac{3u}{k_B T}\right) + 3\exp\left(-\frac{4u}{k_B T}\right) + 2\exp\left(-\frac{5u}{k_B T}\right) + \exp\left(-\frac{6u}{k_B T}\right)$$

となり、1 粒子系の分配関数 Z を単純に 2 乗したものと確かに一致している。3 準位においても 2 準位系で求めた $Z(N) = Z^N$ という関係が成立していることがわかる。

演習 2-8　エネルギー準位が $\varepsilon_1 = u,\ \varepsilon_2 = 2u,\ \varepsilon_3 = 3u$ の 3 準位からなる粒子数 3 個の系の分配関数 $Z(3)$を求めよ。

解）　もっともエネルギーが高いのは、すべての粒子のエネルギー準位が最高の $\varepsilon_3 = 3u$ の場合でエネルギー状態は $E_r = 9u$ となる。一方、もっとも低いのは、すべての粒子のエネルギー準位が最低準位の $\varepsilon_1 = u$ にある場合で $E_r = 3u$ となる。

そして、3 粒子系のとりうるエネルギー状態は

$$E_1 = 3u,\quad E_2 = 4u,\quad E_3 = 5u,\quad E_4 = 6u,\quad E_5 = 7u,\quad E_6 = 8u,\quad E_7 = 9u$$

の 7 種類となる。ここで、それぞれのエネルギー状態に対応した微視的状態の個数は

1, 3, 6, 7, 6, 3, 1

である。したがって、分配関数 $Z(3)$は

$$Z(3) = \exp\left(-\frac{E_1}{k_B T}\right) + 3\exp\left(-\frac{E_2}{k_B T}\right) + 6\exp\left(-\frac{E_3}{k_B T}\right) + 7\exp\left(-\frac{E_4}{k_B T}\right)$$
$$+ 6\exp\left(-\frac{E_5}{k_B T}\right) + 3\exp\left(-\frac{E_6}{k_B T}\right) + \exp\left(-\frac{E_7}{k_B T}\right)$$

$$= \exp\left(-\frac{3u}{k_B T}\right) + 3\exp\left(-\frac{4u}{k_B T}\right) + 6\exp\left(-\frac{5u}{k_B T}\right) + 7\exp\left(-\frac{6u}{k_B T}\right)$$
$$+ 6\exp\left(-\frac{7u}{k_B T}\right) + 3\exp\left(-\frac{8u}{k_B T}\right) + \exp\left(-\frac{9u}{k_B T}\right)$$

となる。

この系においても、$Z(3)=Z^3$ という関係が成立するかどうか確かめてみよう。ここでは

$$(a+b+c)^3=\{(a+b)+c\}^3=(a+b)^3+3(a+b)^2c+3(a+b)c^2+c^3$$
$$=a^3+b^3+c^3+3a^2b+3ab^2+3b^2c+3cb^2+3c^2a+3ca^2+6abc$$

を利用する。すると

$$Z(3)=Z^3=\left\{\exp\left(-\frac{u}{k_BT}\right)+\exp\left(-\frac{2u}{k_BT}\right)+\exp\left(-\frac{3u}{k_BT}\right)\right\}^3$$

$$=\left\{\exp\left(-\frac{u}{k_BT}\right)\right\}^3+\left\{\exp\left(-\frac{2u}{k_BT}\right)\right\}^3+\left\{\exp\left(-\frac{3u}{k_BT}\right)\right\}^3$$

$$+3\left\{\exp\left(-\frac{u}{k_BT}\right)\right\}^2\exp\left(-\frac{2u}{k_BT}\right)+3\left\{\exp\left(-\frac{2u}{k_BT}\right)\right\}^2\exp\left(-\frac{u}{k_BT}\right)$$

$$+3\left\{\exp\left(-\frac{2u}{k_BT}\right)\right\}^2\exp\left(-\frac{3u}{k_BT}\right)+3\left\{\exp\left(-\frac{3u}{k_BT}\right)\right\}^2\exp\left(-\frac{2u}{k_BT}\right)$$

$$+3\left\{\exp\left(-\frac{3u}{k_BT}\right)\right\}^2\exp\left(-\frac{u}{k_BT}\right)+3\left\{\exp\left(-\frac{u}{k_BT}\right)\right\}^2\exp\left(-\frac{3u}{k_BT}\right)$$

$$+6\exp\left(-\frac{u}{k_BT}\right)\exp\left(-\frac{2u}{k_BT}\right)\exp\left(-\frac{3u}{k_BT}\right)$$

$$=\exp\left(-\frac{3u}{k_BT}\right)+3\exp\left(-\frac{4u}{k_BT}\right)+6\exp\left(-\frac{5u}{k_BT}\right)+7\exp\left(-\frac{6u}{k_BT}\right)$$
$$+6\exp\left(-\frac{7u}{k_BT}\right)+3\exp\left(-\frac{8u}{k_BT}\right)+\exp\left(-\frac{9u}{k_BT}\right)$$

となって、確かに $Z(3)=Z^3$ となっている。

このように 3 準位系においても、1 粒子系の分配関数を Z とすると、相互作用のない N 粒子系の分配関数は

$$Z(N)=Z^N$$

と与えられるのである。この関係は、粒子間に相互作用がないかぎり、エネルギー準位の数が増えても成立する。

2. 3.　内部エネルギー

逆温度 $\beta = 1/k_BT$ を使うと、系の内部エネルギーは分配関数 Z から

$$U = -\frac{1}{Z}\frac{\partial Z}{\partial \beta} = -\frac{\partial(\ln Z)}{\partial \beta}$$

という式によってえられることを紹介した。これを利用して、2 準位 3 粒子系の内部エネルギーを求めてみよう。

エネルギー準位が $\varepsilon_1 = u$ と $\varepsilon_2 = 2u$ と 2 準位の 3 粒子系の分配関数は

$$Z(3) = \exp\left(-\frac{3u}{k_BT}\right) + 3\exp\left(-\frac{4u}{k_BT}\right) + 3\exp\left(-\frac{5u}{k_BT}\right) + \exp\left(-\frac{6u}{k_BT}\right)$$

であるが、β を使えば

$$Z(3) = \exp(-3\beta u) + 3\exp(-4\beta u) + 3\exp(-5\beta u) + \exp(-6\beta u)$$

となる。

これを β で偏微分すると

$$\frac{\partial Z(3)}{\partial \beta} = -3u\exp(-3\beta u) - 12u\exp(-4\beta u) - 15u\exp(-5\beta u) - 6u\exp(-6\beta u)$$

から

$$U(3) = -\frac{1}{Z(3)}\frac{\partial Z(3)}{\partial \beta} = \frac{3u\exp(-3\beta u) + 12u\exp(-4\beta u) + 15u\exp(-5\beta u) + 6u\exp(-6\beta u)}{\exp(-3\beta u) + 3\exp(-4\beta u) + 3\exp(-5\beta u) + \exp(-6\beta u)}$$

と 3 粒子径の内部エネルギー $U(3)$ を求めることができる。

ここで、$u = 1/\beta = k_BT$ 程度とすると

$$U(3) = \frac{3\exp(-3) + 12\exp(-4) + 15\exp(-5) + 6\exp(-6)}{\exp(-3) + 3\exp(-4) + 3\exp(-5) + \exp(-6)} k_BT$$

から、$e = 2.71828...$ として

$$U(3) = \frac{3e^3 + 12e^2 + 15e + 6}{e^3 + 3e^2 + 3e + 1} k_BT \cong 3.81 k_BT$$

となる。このように、分配関数から内部エネルギーを求めることができるのであ

る。

ところで、$Z(3)=Z^3$ という関係を利用して $U(3)$を求めてみよう。

すると

$$U(3)=-\frac{1}{Z(3)}\frac{\partial Z(3)}{\partial \beta}=-\frac{1}{Z^3}\frac{\partial (Z^3)}{\partial \beta}=-\frac{1}{Z^3}3Z^2\left(\frac{\partial Z}{\partial \beta}\right)=-3\frac{1}{Z}\frac{\partial (Z)}{\partial \beta}=3U$$

となり、3 粒子系の内部エネルギー$U(3)$は 1 粒子系の 3 倍となっている。

演習 2-9　$Z(N)=Z^N$という関係を利用して 1 粒子系の内部エネルギーUと N粒子系の内部エネルギー$U(N)$の関係を求めよ。

解）　N粒子系の内部エネルギーは

$$U(N)=-\frac{1}{Z(N)}\frac{\partial Z(N)}{\partial \beta}$$

$$=-\frac{1}{Z^N}\frac{\partial (Z^N)}{\partial \beta}=-\frac{1}{Z^N}NZ^{N-1}\frac{\partial Z}{\partial \beta}=-N\frac{1}{Z}\frac{\partial Z}{\partial \beta}=NU$$

となる。

このように、相互作用のない粒子系では、N粒子系の内部エネルギーは 1 粒子のエネルギーの N倍となる。当然の結果である。

演習 2-10　$U(3)=3U$ という関係を利用して、エネルギー準位が$\varepsilon_1=u$ と$\varepsilon_2=2u$ と 2 準位で 3 粒子からなる系の内部エネルギー$U(3)$を求めよ。ただし、$u=k_BT$ とする。

解）　2 準位 1 粒子系の分配関数は

$$Z=\exp(-\beta u)+\exp(-2\beta u)$$

であるから

$$\frac{\partial Z}{\partial \beta}=-u\exp(-\beta u)-2u\exp(-2\beta u)$$

となるので、2準位1粒子系の内部エネルギーは

$$U = -\frac{1}{Z}\frac{\partial Z}{\partial \beta} = \frac{u\exp(-\beta u) + 2u\exp(-2\beta u)}{\exp(-\beta u) + \exp(-2\beta u)}$$

となる。

ここで、$u = 1/\beta = k_B T$ であるから

$$U = \frac{\exp(-1) + 2\exp(-2)}{\exp(-1) + \exp(-2)} k_B T = \frac{e+2}{e+1} k_B T \cong 1.27 k_B T$$

となる。したがって

$$U(3) = 3U = 3.81 k_B T$$

となる。

この値は、先ほど微視的状態数を基本として2準位3粒子系の分配関数から求めた値と一致している。

演習 2-11　固体のスピン磁気モーメントは、外部磁場 H があるとき、そのエネルギーは、磁場に平行の場合 $\varepsilon_1 = -\sigma H$ 、磁場に反平行の場合 $\varepsilon_2 = \sigma H$ となる。温度 T におけるスピン系の内部エネルギーを求めよ。

解）　この系の分配関数 Z は

$$Z = \exp\left(\frac{\sigma H}{k_B T}\right) + \exp\left(-\frac{\sigma H}{k_B T}\right)$$

となるが、逆温度 β を使えば

$$Z = \exp(\beta\sigma H) + \exp(-\beta\sigma H)$$

となり

$$\frac{\partial Z}{\partial \beta} = \sigma H \exp(\beta\sigma H) - \sigma H \exp(-\beta\sigma H)$$

よって

$$U = -\frac{1}{Z}\frac{\partial Z}{\partial \beta} = -\frac{\sigma H \exp(\beta\sigma H) - \sigma H \exp(-\beta\sigma H)}{\exp(\beta\sigma H) + \exp(-\beta\sigma H)}$$

$$= -\sigma H \frac{\exp(\beta\sigma H) - \exp(-\beta\sigma H)}{\exp(\beta\sigma H) + \exp(-\beta\sigma H)} = -\sigma H \frac{\sinh(\beta\sigma H)}{\cosh(\beta\sigma H)} = -\sigma \tanh(\beta\sigma H) H$$

となる。

内部エネルギーUが負ということは、それだけエネルギーが低下して安定となることを意味している。

演習 2-12　あるミクロ粒子の最低エネルギー準位を 0 とする。この粒子が温度によって励起されるとき、そのエネルギーギャップの大きさをε_gとするとき、温度によって、粒子が熱励起される確率を求めよ。

解)　この系の分配関数Zは

$$Z = \exp\left(-\frac{0}{k_B T}\right) + \exp\left(-\frac{\varepsilon_g}{k_B T}\right) = 1 + \exp\left(-\frac{\varepsilon_g}{k_B T}\right) = 1 + \exp(-\beta\varepsilon_g)$$

となる。

したがって、温度Tで粒子が励起される確率pは

$$p = \frac{1}{Z}\exp\left(-\frac{\varepsilon_g}{k_B T}\right) = \frac{\exp(-\varepsilon_g / k_B T)}{1 + \exp(-\varepsilon_g / k_B T)}$$

と与えられる。

この確率は、分子分母に$\exp(\varepsilon_g / k_B T)$をかけて

$$p = \frac{1}{\exp(\varepsilon_g / k_B T) + 1}$$

と変形することもできる。

2.4. 無限のエネルギー準位

いままでは、エネルギー準位の数を限定して考えてきたが、ミクロ粒子のエネルギーは原理的には、いくらでも大きくできる。このような場合の分配関数がど

うなるかを見てみよう。

演習 2-13　エネルギー準位が、$\varepsilon_1 = u, \varepsilon_2 = 2u, ..., \varepsilon_n = nu, ...$ のように上限がない場合の 1 粒子系の分配関数を求めよ。

解）　分配関数は

$$Z = \exp\left(-\frac{\varepsilon_1}{k_B T}\right) + \exp\left(-\frac{\varepsilon_2}{k_B T}\right) + \cdots + \exp\left(-\frac{\varepsilon_n}{k_B T}\right) + \cdots$$

$$= \exp\left(-\frac{u}{k_B T}\right) + \exp\left(-\frac{2u}{k_B T}\right) + \cdots + \exp\left(-\frac{nu}{k_B T}\right) + \cdots$$

$$= \exp(-\beta u) + \exp(-2\beta u) + \cdots + \exp(-n\beta u) + \cdots = \sum_{n=1}^{\infty} \exp(-n\beta u)$$

これは、初項が $\exp(-\beta u)$ で公比が $\exp(-\beta u)$ の無限等比級数となるので、分配関数 Z は

$$Z = \frac{\exp(-\beta u)}{1-\exp(-\beta u)} = \frac{1}{\exp(\beta u)-1}$$

と与えられる。

このとき、例えば $u=k_BT=1/\beta$ 程度の大きさとすると

$$Z = \frac{1}{\exp(1)-1} = \frac{1}{e-1} \cong 0.582$$

と計算することができる。

この系の内部エネルギーは $U = -\dfrac{1}{Z}\dfrac{\partial Z}{\partial \beta}$ を使うと

$$\frac{\partial Z}{\partial \beta} = -\frac{u\exp(\beta u)}{\{\exp(\beta u)-1\}^2}$$

から

$$U = -\frac{1}{Z}\frac{\partial Z}{\partial \beta} = -\frac{u\exp(\beta u)\{\exp(\beta u)-1\}}{\{\exp(\beta u)-1\}^2} = -\frac{u\exp(\beta u)}{\exp(\beta u)-1} = \frac{u}{\exp(-\beta u)-1}$$

$$= \frac{u}{\exp\left(-\frac{u}{k_B T}\right) - 1}$$

となる。

演習 2-14　エネルギー準位が、$\varepsilon_1 = u, \varepsilon_2 = 2u, ..., \varepsilon_n = nu, ...$ のように上限がない場合の 100 個の粒子からなる系の分配関数と内部エネルギーを求めよ。

解）　1 粒子系の分配関数が $Z = \dfrac{1}{\exp(\beta u) - 1}$ であるから、100 粒子系では

$$Z(100) = Z^{100} = \left\{\frac{1}{\exp(\beta u) - 1}\right\}^{100}$$

つぎに、内部エネルギーを求めよう。まず

$$\frac{\partial Z(100)}{\partial \beta} = 100 Z^{99} \frac{\partial Z}{\partial \beta}$$

であるので

$$U(100) = -\frac{1}{Z(100)} \frac{\partial Z(100)}{\partial \beta} = -100 \frac{Z^{99}}{Z^{100}} \frac{\partial Z}{\partial \beta} = -100 \frac{1}{Z} \frac{\partial Z}{\partial \beta} = 100U$$

となる。

このように、相互作用のない粒子系の場合、100 個の粒子の内部エネルギーは 1 個の粒子の平均エネルギーUの 100 倍となる。

演習 2-15　量子力学によれば、振動数νの調和振動子のエネルギー準位は、$\varepsilon_0 = (1/2)h\nu, \varepsilon_1 = (3/2)h\nu, ..., \varepsilon_n = (n+(1/2))\, h\nu, ...$ と与えられる。この場合の 1 粒子系の分配関数を求めよ。

解）　分配関数は

$$Z=\exp\left(-\frac{\varepsilon_0}{k_BT}\right)+\exp\left(-\frac{\varepsilon_1}{k_BT}\right)+\cdots+\exp\left(-\frac{\varepsilon_n}{k_BT}\right)+\ldots$$

$$=\exp\left(-\frac{h\nu}{2k_BT}\right)+\exp\left(-\frac{3h\nu}{2k_BT}\right)+\cdots+\exp\left\{-\left(n+\frac{1}{2}\right)\frac{h\nu}{k_BT}\right\}+\ldots$$

$$=\exp\left(-\frac{h\nu}{2k_BT}\right)\left\{1+\exp\left(-\frac{h\nu}{k_BT}\right)+\exp\left(-\frac{2h\nu}{k_BT}\right)\cdots+\exp\left(-\frac{nh\nu}{k_BT}\right)+\ldots\right\}$$

これは、初項が $\exp\left(-\dfrac{h\nu}{2k_BT}\right)$ で公比が $\exp\left(-\dfrac{h\nu}{k_BT}\right)$ の無限等比級数の和であるので

$$Z=\exp\left(-\frac{h\nu}{2k_BT}\right)\frac{1}{1-\exp\left(-\dfrac{h\nu}{k_BT}\right)}=\frac{\exp\{-(h\nu\beta)/2\}}{1-\exp(-h\nu\beta)}$$

と与えられる。

この系の内部エネルギーを求めてみよう。そのため、分配関数の $\dfrac{\partial(\ln Z)}{\partial\beta}$ を求める。まず

$$\ln Z=-\frac{h\nu\beta}{2}-\ln\{1-\exp(-h\nu\beta)\}$$

であるので

$$\frac{\partial(\ln Z)}{\partial\beta}=-\frac{h\nu}{2}+\frac{h\nu}{1-\exp(h\nu\beta)}$$

から

$$U=-\frac{\partial(\ln Z)}{\partial\beta}=\frac{h\nu}{2}-\frac{h\nu}{1-\exp(h\nu\beta)}$$

となる。

このように、エネルギー準位が無限大となる場合でも、分配関数は発散せずに、ある値に収束する。これは、ボルツマン因子 $\exp(E/k_BT)$ の項は、エネルギーE が高くなると、その値が急激に低下し、ほぼゼロとなるからである。無限等比級

数の公比が 1 より小さい場合に収束すると考えればわかりやすいであろう。

2. 5.　縮重

2. 5. 1.　1 粒子系と多粒子系の縮重

分配関数を導出する際に、エネルギー状態に縮重があるかどうか考える必要がある。縮退と呼ぶこともある。**縮重** (degeneracy)とは、あるエネルギーE_{r}を複数の微視的状態が占めている状態のことである。

縮重がない場合の分配関数は

$$Z = \exp\left(-\frac{E_1}{k_B T}\right) + \exp\left(-\frac{E_2}{k_B T}\right) + \ldots + \exp\left(-\frac{E_r}{k_B T}\right) + \ldots$$

と与えられるが、あるエネルギー状態が複数ある場合には、この式は修正する必要があり、その重なった数、すなわち状態数を $W(E_r)$ と置くと、分配関数は

$$Z = W(E_1)\exp\left(-\frac{E_1}{k_B T}\right) + W(E_2)\exp\left(-\frac{E_2}{k_B T}\right) + \ldots + W(E_r)\exp\left(-\frac{E_r}{k_B T}\right) + \ldots$$

と修正される。

例えば、エネルギーが$\varepsilon_1 = u,\ \varepsilon_2 = 2u$ の 2 準位で 3 個の粒子からなる系の分配関数は

$$Z(3) = \exp\left(-\frac{3u}{k_B T}\right) + 3\exp\left(-\frac{4u}{k_B T}\right) + 3\exp\left(-\frac{5u}{k_B T}\right) + \exp\left(-\frac{6u}{k_B T}\right)$$

であった。

このとき、エネルギー$4u$ と $5u$ の項には係数 3 が付いているが、これら係数は、これらエネルギーを有する状態数が 3 個に重なっていることを示しており、これら係数を**縮重度** (degree of degeneracy) と呼んでいる。

ただし、すでに紹介したように、1 粒子系の分配関数 Z から N 粒子系の分配関数 Z^N を求める過程で、縮重度を取り入れることができる。

例えば、エネルギーが$\varepsilon_1 = u,\ \varepsilon_2 = 2u$ の 2 準位で 1 粒子の系の分配関数は

$$Z = \exp\left(-\frac{u}{k_B T}\right) + \exp\left(-\frac{2u}{k_B T}\right)$$

となるが、これを用いて、3 粒子系の分配関数を求めると

$$Z(3) = Z^3 = \left\{\exp\left(-\frac{u}{k_B T}\right) + \exp\left(-\frac{2u}{k_B T}\right)\right\}^3$$

$$= \exp\left(-\frac{3u}{k_B T}\right) + 3\exp\left(-\frac{4u}{k_B T}\right) + 3\exp\left(-\frac{5u}{k_B T}\right) + \exp\left(-\frac{6u}{k_B T}\right)$$

となり、先ほど求めた分配関数がえられる。このように、自然と縮重度が取り入れられるのである。

ここで、あらためて1粒子系の分配関数の意味を考えてみよう。もともと、統計と呼称しながら粒子 1 個を系と称して取り扱うことに疑問を呈する方もいるであろう。これに対しては、1 個の粒子が、あるエネルギー準位 E_r を占める確率が p_r と考えれば、確率統計の要素がちゃんと加味されていると考えられる。

一方で、1粒子系の分配関数は、粒子を配置する（エネルギーの異なる）部屋の種類を与えているとも考えられるのである。つまり、いくつか（エネルギー準位という）部屋があって、そこに粒子を分配できる。粒子が1個の場合には、それぞれの部屋がエネルギー状態となる。いわば、系の状態を示す分配関数となるのである。

粒子が2個となると、その配置によってエネルギー状態は変化する。その結果、縮重が生じることになる。3個，4個と増えていけば、取りうるエネルギー状態はどんどん増えていき、縮重度も増えていく。

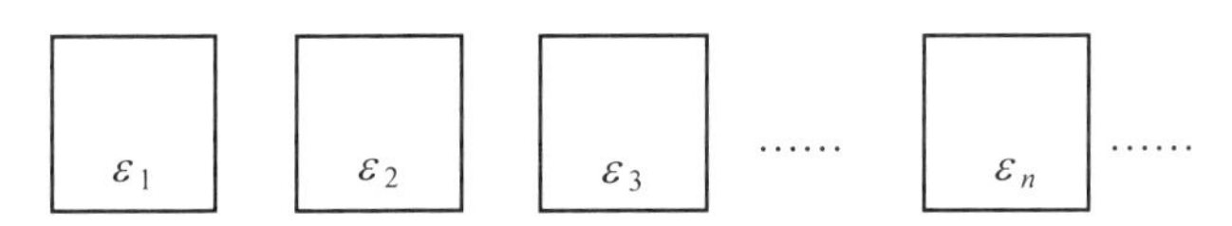

図 2-5　1 粒子の分配関数は、いわば粒子の入る部屋を指定している。これら部屋にどのように粒子を分配するかによって、系のエネルギー状態 E_r が決定される。

ここで、部屋（エネルギー準位）が5個あったとしよう。すると、1個の粒子を配する場合の数は5個と単純である。

では、2個の粒子を配する場合の数を考えてみよう。すると、最初の1個を配する場合の数は5通りである。そして、つぎの1個を配する場合の数は、それぞれにつき、5通りであるので、全部で $5\times5 = 5^2$ となる。3個の粒子系では、5^3 となり、N 粒子系では 5^N となるのである。よって1粒子系の分配関数を Z とすれば、N 粒子系では Z^N となる。

2. 5. 2. 系の分配関数における縮重

1粒子系の分配関数は、ミクロ粒子の入ることのできる部屋を反映しているという比喩を紹介した。いきなり、多粒子の微視的状態を考えるのは大変であるが、1粒子の場合を考えたうえで、それを N 乗するのであれば、それほど複雑ではない。

ところで、1粒子の分配関数（系の分配関数）では、エネルギー状態に縮重がないのであろうか。実は、最初から部屋の収容数が異なる場合がある。このときは

$$Z = W(\varepsilon_1)\exp\left(-\frac{\varepsilon_1}{k_B T}\right) + W(\varepsilon_2)\exp\left(-\frac{\varepsilon_2}{k_B T}\right) + ...$$

のように、ε_r に対応した状態数 $W(\varepsilon_r)$を乗じる補正が必要となるのである。ただし、1粒子分配関数のエネルギーは、系のエネルギー状態 E_r ではなく、エネルギー準位ε_r となる。ここでは、簡単にどのような場合に、このような修正が必要となるかを説明しみょう。

エネルギーとして、重力ポテンシャルを考えると、基本的にはエネルギーは高さとともに増えていくだけなので、縮重はない。

一方、運動エネルギーはどうであろうか。この場合、$(1/2)mv^2$ であるので、実は、一次元の運動を考えても、v と $-v$ に対応したエネルギーは同じとなるので、系のエネルギーは2重に縮重していることになる。（同じ運動エネルギーの部屋が2個ある。）

さらに、2次元の運動では、同じエネルギーの部屋の数は増えていく。実際のエネルギーは、連続であるが、ここでは量子力学の考えにしたがって、エネルギーがとびとびの値をとるとする。このとき、x, y 方向の速度の最小単位を v とすると、エネルギーの同じ部屋は図2-6のような分布を示す。

まず、運動エネルギーがもっとも小さい$(1/2)mv^2$ からなる部屋（単位胞）の数は原点のまわりに4個あるので、すでに4重に縮重している。つぎにエネルギー

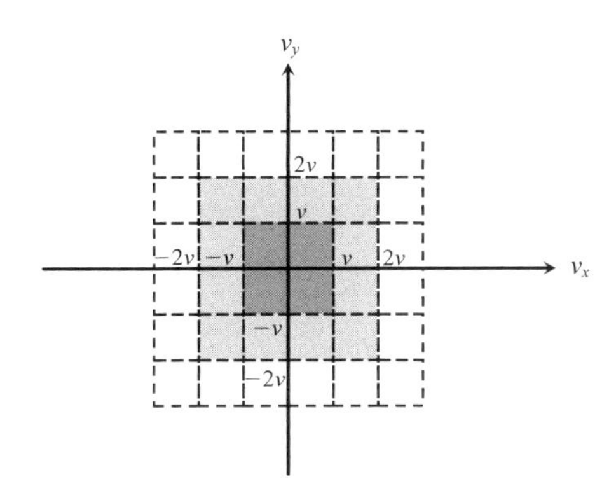

図 2-6　2 次元空間の運動におけるエネルギー部屋の分布

の高い $2v$ に対応した$(1/2)m(2v)^2 = 2mv^2$ のエネルギー部屋は 12 個あり、12 重に縮重している。エネルギーが大きくなれば、縮重度はいっきに大きくなる。このように、1 粒子系の分配関数においても、縮重を考慮する必要がある。

2. 5. 3.　運動量空間における縮重

ここでは、実用的にも重要である 3 次元空間を自由に運動しているミクロ粒子の運動エネルギーの縮重を考えてみよう。そのために、**運動量空間** (momentum space)を考える。この空間は、図 2-7 に示すような 3 軸がそれぞれ p_x, p_y, p_z からなる空間である。もちろん、運動量ではなく、速度を 3 軸とすることも可能であるが、量子力学や統計力学では運動量空間がより一般的である。

この空間は、実在するわけではなく、あくまでも仮想空間 (virtual space) であるが、エネルギーの分布を考える場合には、有用である。

この空間の点の座標 (p_x, p_y, p_z) を指定すれば、エネルギー E は

$$E = \frac{{p_x}^2}{2m} + \frac{{p_y}^2}{2m} + \frac{{p_z}^2}{2m}$$

と与えられる。古典力学では、運動量は連続であり、よって、エネルギーも連続である。

ただし、2 次元の運動でも紹介したように、量子力学を適用すると、運動量空間の最小エネルギー準位というものを考えることができ、エネルギーも飛び飛びとなる。そして、運動量に関しては、1 辺の長さが L の立方体に閉じ込められた

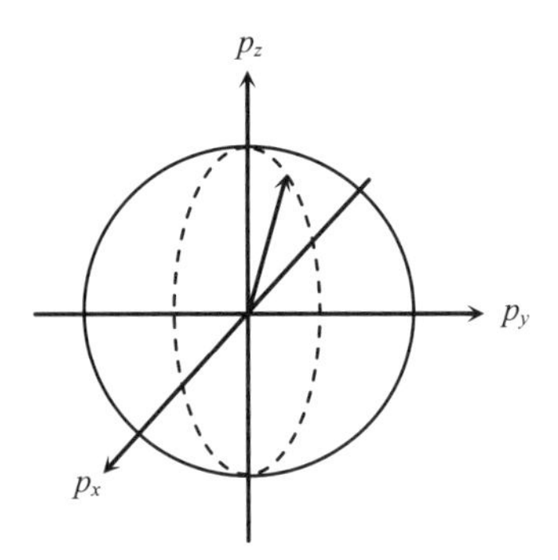

図 2-7　運動量空間とは、3 軸が p_x, p_y, p_z からなる直交座標系である。気体分子の運動エネルギーの分布は 3 次元の拡がりを有する。この図において、同じエネルギーEを有する気体分子は、すべて、同じ球面上に位置することになる。

ミクロ粒子の場合、その間隔は、ひとつの方向では $a = h/2L$ となる（補遺 2 参照）。すると、運動量空間において、ミクロ粒子 1 個が占めることのできる最小の大きさは

$$a^3 = \frac{h^3}{8L^3}$$

ということになる。

つまり 1 辺が $2a$ の立方体の中にある、a^3 の個数となり、$8a^3$ から 8 個と計算できる。これが、運動量空間で最も小さなエネルギー準位の部屋（単位胞）の数となる。よって、最初のエネルギー準位には最大で 8 個の粒子が収容することができる。1 粒子分配関数の状態数が $W(\varepsilon_1) = 8$ となることに対応する。

このように、同じエネルギー準位に複数の収容部屋があるということを覚えておいてほしい。さらに、この部屋の数はエネルギーに依存する。例えば、2 番目の大きさのエネルギー準位を単位胞が占める運動量空間の範囲は a から $2a$ ということになる。これは図 2-8 の単位胞を取り囲むように存在する。つまり、1 辺が $4a$ の立方体の体積 $64a^3$ の中に含まれる 64 個の単位胞から、最小エネルギー準位の 8 個を引いた 56 個となる。つまり、1 粒子分配関数において $W(\varepsilon_2) = 56$ である。

このように、運動量増加とともに単位胞の数、すなわち、状態数は増えていくのである。

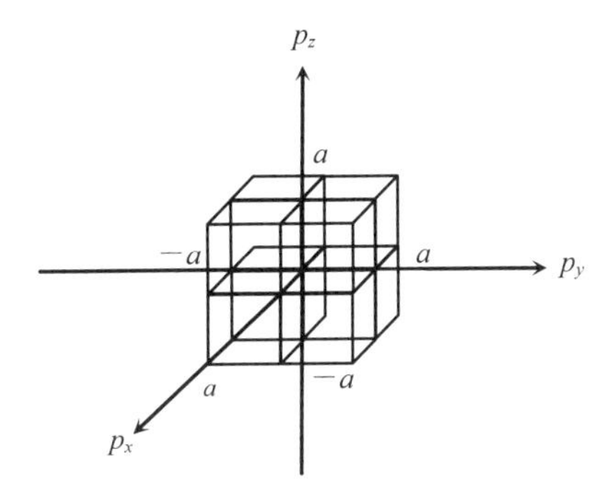

図 2-8　運動量空間における最小エネルギー準位の単位胞

運動量空間において、つぎのエネルギー準位では、大きさが $2a$ から $3a$ の範囲に入る単位胞の数が状態数となる。これは、1 辺が $6a$ の立方体の体積から、1 辺が $4a$ の立方体の体積を引いて、その中に含まれる、1 辺が a の立方体の個数を求めればよい。すると

$$6^3a^3 - 4^3a^3 = 216\,a^3 - 64\,a^3 = 152\,a^3$$

となり、この範囲にある単位胞の個数は、152 個となる。同様にして、つぎは $8^3 - 6^3 = 296$ 個、そのつぎは $10^3 - 8^3 = 488$ 個となる。このように、エネルギーが増えると、状態数が増えていく。つまり、同じエネルギー準位における部屋の数が増えていくので、多粒子系において同じエネルギー状態を閉める縮重度を考える場合には、この点に配慮する必要があるのである。

ここで、運動量空間における縮重度の一般式を求めておこう。これは、p から $p+dp$ の範囲にある状態数である。運動量空間におけるこの領域の体積は、半径 $p+dp$ の球から半径 p の球の体積を引けばよいので

$$\frac{4\pi(p+dp)^3}{3} - \frac{4\pi p^3}{3} \cong 4\pi p^2 dp$$

と与えられる。この領域にある状態数は、この体積を、運動量空間における単位胞の体積 a^3 で除すことでえられる。よって

$$D(p)dp = \frac{4\pi p^2 dp}{a^3} = \frac{32\pi L^3}{h^3} p^2 dp = \frac{32\pi V}{h^3} p^2 dp$$

となる。ここで、$D(p)$は状態密度と呼ばれるものであり、運動量空間における単位体積あたりの単位胞の数を表している。

これをもとに、エネルギー範囲の E から $E+dE$ にある状態数をエネルギーEの関数 $D(E)\,dE$ として求めるには

$$E=\frac{p^2}{2m} \qquad \text{および} \qquad dE=\frac{p}{m}dp$$

から

$$D(E)dE=\frac{16\pi V}{h^3}(2m)^{\frac{3}{2}}\sqrt{E}dE$$

ここで、エネルギーの状態数が運動量の状態数の 1/8 になることから

$$D(E)dE=\frac{2\pi V}{h^3}(2m)^{\frac{3}{2}}\sqrt{E}dE$$

となる。これがエネルギーの縮重度に対応する。

2. 6. 不可弁別粒子への対応

いままでは、粒子 1 個 1 個が区別できるという前提で話を進めてきた。しかし、量子力学で取り扱う電子などのミクロ粒子は、その波動性にともなう不確定性により、粒子を区別できないとされている。これを**不可弁別性** (non-disciminarity) と呼んでいる。

したがって、統計力学においても、粒子が区別できない場合にどう対処するかを考えておく必要がある。

最も簡単な例として、2 準位 2 粒子の場合を考えみよう。粒子が区別できる場合は、図 2-9 のように a から d までの 4 個の微視的状態が存在する。

しかし、粒子が区別できない場合、状態 b と c は区別できなくなり、結局、微視的状態は 3 個に減ってしまう。このとき、$E_2 = 3u$ の縮重もなくなり、分配関数は

$$Z(2)=\exp\left(-\frac{2u}{k_BT}\right)+2\exp\left(-\frac{3u}{k_BT}\right)+\exp\left(-\frac{4u}{k_BT}\right)$$

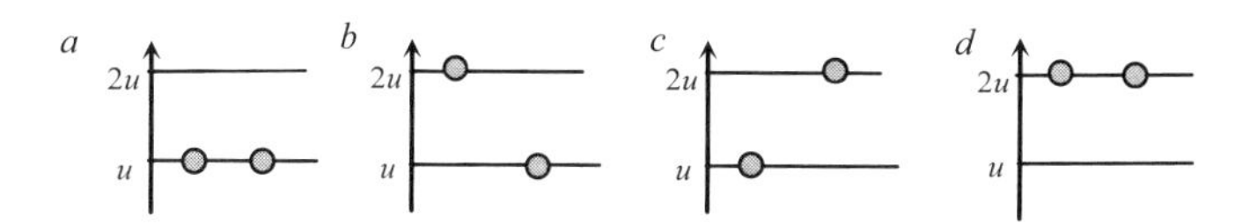

図 2-9　粒子が区別できるとして想定した 2 準位 2 粒子系の微視的状態

ではなく

$$Z'(2) = \exp\left(-\frac{2u}{k_B T}\right) + \exp\left(-\frac{3u}{k_B T}\right) + \exp\left(-\frac{4u}{k_B T}\right)$$

となる。

つまり、粒子の区別ができない場合には、N 粒子系の分配関数 $Z(N)=Z^N$ を修正する必要がある。それでは、どうすればよいか。統計力学では、部屋の数（エネルギー準位）が N よりも大きな場合には

$$Z(N) = \frac{1}{N!} Z^N$$

という修正を施すことで対処する。

このとき、$N!$は、N 個の粒子を並べる場合の数である。つまり、N 個の粒子が区別できないのに、それを区別できるとして計算した場合、$N!$だけダブルカウントしているからである。

ただし、すぐにわかるが、この式は 2 準位には適用できない。2 準位 2 粒子系では、図 2-9 に示したように、ダブルカウントしているのは E_2 のエネルギーレベルだけである。

ここで、エネルギー準位が 12 ある場合に、3 個の粒子 (N = 3) を配置した場合の例を図 2-10 に示す。

ここで、粒子数が区別できる場合には、358 に対応して ABC, ACB, BAC, BCA, CAB, CBA のように、6 通りの微視的状態が存在する。しかし、粒子が区別できない場合には、これらすべては同じ状態となる。よって、粒子が区別できない場合には、状態数を 1/6 にしなければならない。この 6 は、まさに 3!に相当する。

そして、N 個の場合には $N!$だけダブルカウントしているので、この数で割る必要があるのである。

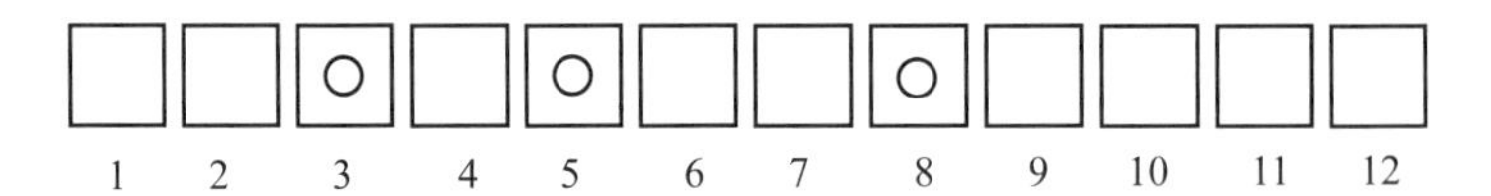

図 2-10　エネルギー準位が 12 ある系において、E_3, E_5, E_8 の準位に、粒子 3 個を配置した様子。

ただし、同じ準位の箱に複数の粒子が入る場合、つまり、同じエネルギー準位に複数の粒子が入る場合には $N!$ とならない。例えば、E_3 レベルに 2 個、E_5 レベルに 1 個入る場合は(AB)C と(BA)C は、粒子が区別できる場合であっても、同じ状態となる。よってダブルカウントの数は $N!$ より小さくなるはずである。$N!$ は、あくまでも N 個の粒子をばらばらに並べたときの場合の数である。

統計力学では、エネルギー準位も粒子数も莫大であるから、ダブルカウントの数を $N!$ としても問題ないとみなしているのである。

演習 2-16　粒子数が N 個からなる系の分配関数が $Z(N) = \dfrac{1}{N!}Z^N$ と与えられるとき、この系の内部エネルギー $U(N)$ を 1 粒子の平均エネルギー U で表せ。

解）

$$U(N) = -\frac{1}{Z(N)}\frac{\partial Z(N)}{\partial \beta} = -\frac{N!}{Z^N}\frac{1}{N!}NZ^{N-1}\frac{\partial Z}{\partial \beta} = -N\frac{1}{Z}\frac{\partial Z}{\partial \beta} = NU$$

となる。

このように、内部エネルギーだけみれば、$N!$ の補正があろうがなかろうが、N 粒子系の内部エネルギーは NU となり、1 粒子系の N 倍となるのである。

実は、分配関数に対して、$N!$ の補正が必要となるのは、エントロピー S や自由エネルギー F などの**示量変数** (extensive variable) を求める際である。この項がないと、エントロピーを求める表式において、示量性の整合性が失われることがわかったためである（補遺 4 参照）。そして、$N!$ の補正によって矛盾が解消されることがわかったのである。

第3章　積分形の分配関数

3. 1.　連続関数と分配関数

前章で説明したように、統計力学においては分配関数 Z によって、系の解析が容易となる。ところで、エネルギー準位が2個しかない場合であっても、N 粒子からなる系の分配関数は

$$Z(N) = \exp\left(-\frac{N\varepsilon_1}{k_B T}\right) + {}_N C_{N-1} \exp\left(-\frac{(N-1)\varepsilon_1 + \varepsilon_2}{k_B T}\right) +$$

$$\cdots\cdots \quad + {}_N C_1 \exp\left(-\frac{\varepsilon_1 + (N-1)\varepsilon_2}{k_B T}\right) + \exp\left(-\frac{N\varepsilon_2}{k_B T}\right)$$

となって、$N+1$ 個もの項からなる多項式となっている。しかも、N の値はアボガドロ数程度の 6×10^{23} と莫大である。さらに、一般の場合には、系がとりうるエネルギー準位の数は無限大となるので、分配関数の項数も無限大となる。

もちろん、前節で示したように、無限級数がうまく収束して初等関数として与えられれば、分配関数の計算が可能であるが、それでは、使える範囲が限られてしまう。

実は、この問題には対処法がある。これまでは、エネルギーが離散的であるということを前提に話を進めてきたが、統計力学で扱う事象のエネルギー準位は無限にあり、粒子数もアボガドロ数程度の 10^{24} と巨大である。

このような場合、エネルギーが離散的ではなく、連続であるとみなして分配関数を導出すればよいのである。

系のエネルギーが $E_1, E_2, ..., E_r$ のように離散的な場合、分配関数 Z は

$$Z = \exp\left(-\frac{E_1}{k_B T}\right) + \exp\left(-\frac{E_2}{k_B T}\right) + ... + \exp\left(-\frac{E_r}{k_B T}\right)$$

と与えられる。しかし、E_r の大きさは無限大まで達する。さらに、連続型の場合には、E_1 と E_2 の間にもエネルギーは無数に分布している。

そこで、$\Delta E = (E_2 - E_1)/n$ として

$$Z = \exp\left(-\frac{E_1}{k_B T}\right) + \exp\left(-\frac{E_1 + \Delta E}{k_B T}\right) + \exp\left(-\frac{E_1 + 2\Delta E}{k_B T}\right) + \dots$$

$$\dots + \exp\left(-\frac{E_1 + (n-1)\Delta E}{k_B T}\right) + \exp\left(-\frac{E_2}{k_B T}\right) + \dots$$

のように分割し、$\Delta E \to 0$ すなわち $n \to \infty$ の極限をとればよいことになる。

これは、まさに**区分求積法** (quadrature by parts) の極限としての**積分** (integral) である。よって、エネルギーが連続関数となっている場合の分配関数は

$$Z = \int_0^\infty \exp\left(-\frac{E}{k_B T}\right) dE$$

と与えられることになる。ここで、積分範囲は 0 から∞とすれば、無限大のエネルギー準位まで含めた分配関数をえることができるのである。

これは無限積分であり、もちろん、収束するとは限らない。ただし、被積分関数の $\exp(-E/k_B T)$ の項は、E が大きくなると、値が急激に小さくなる。このため、大きな E 状態の存在確率は、ほぼ 0 となるのである。この結果、無限積分は収束する傾向にある。

ところで、この積分によって系の分配関数がえられるという事実は、驚嘆すべきことではないだろうか。なぜなら、われわれがすべきは E のかたちを考えることであり、あとは、この積分を実行すれば、分配関数をえることができるのである。ただし、この積分表現は、厳密には正しくはない。それは、すべてのエネルギー成分について過不足なく、積分することが必要になるからである。例えば、エネルギー E が 3 次元の運動エネルギー成分を含む場合には、x, y, z 方向すべてについて積分する必要がある。しかも、その範囲は、自由空間では $-\infty$ から $+\infty$ の範囲となる。エネルギー成分には、位置エネルギー、振動エネルギー、回転エネルギー、電気や磁気エネルギーなどがあり、そのすべての成分について、想定している全空間で積分するという意味で

$$\int_0^\infty \exp\left(-\frac{E}{k_B T}\right) dE$$

と表記しているのである。つまり、あらゆる自由度に対応したエネルギーについて

$$\int_0^{\infty}\cdots\int_0^{\infty}\int_0^{\infty}\exp\left(-\frac{E_1+E_2+...+E_n}{k_BT}\right)dE_1dE_2...dE_n$$

のように積分するという意味となる。それでは、具体例をみていこう。

一般に、粒子のエネルギーEは運動エネルギー (kinetic energy: K) と位置エネルギー (potential energy: V) からなる。そして、運動エネルギーは運動量(p)の関数であり、位置エネルギーは位置(x)の関数となる。したがって

$$E=K(p)+V(x)$$

となる。解析力学では、全エネルギーをハミルトニアン (Hamiltonian) と呼び、EではなくHで表記する場合も多い。また、位置座標は運動量pとの対比からqとする傾向にある。

さて、分配関数を求めるにあたって、われわれに必要なことは、いかに過不足なく、可能なエネルギー状態をすべて数え上げるかにある。1 次元の場合には、変化できるのはpとxであるから、結局、積分型の分配関数は

$$Z=\int_0^{\infty}\exp\left(-\frac{E}{k_BT}\right)dE=\int_{-\infty}^{\infty}\int_{-\infty}^{\infty}\exp\left(-\frac{K(p)+V(x)}{k_BT}\right)dpdx$$

となる。

ここで、エネルギーEの積分範囲は 0 から+∞のように正の領域しかとらないが、運動量pも位置xも全空間を網羅するためには、その積分範囲は－∞から＋∞となる。これが、想定される全空間において、すべてのエネルギー成分について積分するという意味である。その結果、積分はpとxに関する 2 重積分となる。さらに成分が増えれば、3 重積分、4 重積分となっていくのである。ここで

$$\exp\left(-\frac{K(p)+V(x)}{k_BT}\right)=\exp\left(-\frac{K(p)}{k_BT}\right)\exp\left(-\frac{V(x)}{k_BT}\right)$$

というように成分を分離できるから、2 重積分は

$$Z=\int_{-\infty}^{\infty}\int_{-\infty}^{\infty}\exp\left(-\frac{K(p)+V(x)}{k_BT}\right)dpdx=\int_{-\infty}^{\infty}\exp\left(-\frac{K(p)}{k_BT}\right)dp\int_{-\infty}^{\infty}\exp\left(-\frac{V(x)}{k_BT}\right)dx$$

のように、分解することができる。

ここで

$$Z_K = \int_{-\infty}^{\infty} \exp\left(-\frac{K(p)}{k_B T}\right) dp \quad \text{および} \quad Z_V = \int_{-\infty}^{\infty} \exp\left(-\frac{V(x)}{k_B T}\right) dx$$

のように、分配関数を運動量 K の成分と、位置エネルギー V の成分に分けると、分配関数は

$$Z = Z_K \cdot Z_V$$

のように、ふたつの成分の積となる。

ところで、いまの例では、運動エネルギーを、運動量 p の関数と考えて積算を求めたが、速度 v の関数と考えて

$$Z = \int_{-\infty}^{\infty} \exp\left(-\frac{K(v)}{k_B T}\right) dv \int_{-\infty}^{\infty} \exp\left(-\frac{V(x)}{k_B T}\right) dx$$

としてもよい。

演習 3-1　質量が m のミクロ粒子が 1 次元空間を自由に運動しているときの分配関数を求めよ。

解）　粒子が x 方向のみに運動すると考え、その運動量を p_x とすると $E = \dfrac{{p_x}^2}{2m}$ となる。このとき、位置エネルギーは粒子に作用していないので、分配関数は運動量 p_x のみの関数となり、すべてのエネルギー状態を過不足なく数えるには p_x について全空間で積分すればよい。

よって

$$Z = \int_{-\infty}^{\infty} \exp\left(-\frac{{p_x}^2}{2mk_B T}\right) dp_x$$

となる。

これはガウス積分であり

$$\int_{-\infty}^{\infty} \exp\left(-ax^2\right) dx = \sqrt{\frac{\pi}{a}}$$

という公式を使うと　$a = \dfrac{1}{2mk_B T}$　から

$$Z = \sqrt{\frac{\pi}{a}} = \sqrt{2\pi m k_B T}$$

となる。

分配関数 Z が求められたので、1 粒子系の内部エネルギー U を求めてみよう。

$$U = -\frac{\partial(\ln Z)}{\partial \beta} = -\frac{1}{Z}\frac{\partial Z}{\partial \beta}$$

を使う。すると

$$Z = \sqrt{2\pi m k_B T} = \sqrt{\frac{2\pi m}{\beta}} = \sqrt{2\pi m}\,\beta^{-\frac{1}{2}}$$

であり

$$\frac{\partial Z}{\partial \beta} = -\frac{1}{2}\sqrt{2\pi m}\,\beta^{-\frac{3}{2}}$$

から

$$U = -\frac{1}{Z}\frac{\partial Z}{\partial \beta} = \frac{1}{2Z}\sqrt{2\pi m}\,\beta^{-\frac{3}{2}} = \frac{1}{2\beta} = \frac{1}{2}k_B T$$

と与えられる。

これは、まさに気体分子が温度 T で有する 1 自由度あたりのエネルギーである。いまは分配関数を使ったが、別の手法で、系の平均エネルギーを求めてみよう。それは

$$< E > = \frac{1}{Z}\int_0^{\infty} E \exp\left(-\frac{E}{k_B T}\right) dE$$

と与えられる。ここで

$$\int_0^{\infty} E \exp\left(-\frac{E}{k_B T}\right) dE = \int_{-\infty}^{\infty} \frac{{p_x}^2}{2m} \exp\left(-\frac{{p_x}^2}{2m k_B T}\right) dp_x$$

となるが、この場合も、ガウス積分の公式

$$\int_{-\infty}^{\infty} x^2 \exp\left(-ax^2\right) dx = \frac{\sqrt{\pi}}{2} a^{-\frac{3}{2}}$$

を使うと

$$\int_0^{\infty} E\exp\left(-\frac{E}{k_B T}\right)dE = \frac{\sqrt{\pi}}{4m}(2mk_B T)^{\frac{3}{2}}$$

したがって

$$< E > = \frac{1}{Z}\int_0^{\infty} E\exp\left(-\frac{E}{k_B T}\right)dE = \frac{\frac{\sqrt{\pi}}{4m}2mk_B T\sqrt{2mk_B T}}{\sqrt{2\pi mk_B T}} = \frac{1}{2}k_B T$$

となって、同じ結果がえられる。

また、エネルギーの期待値に限らず、系の物理量 A の期待値を求めたい場合には

$$< A > = \frac{1}{Z}\int_0^{\infty} A\exp\left(-\frac{E}{k_B T}\right)dE$$

という式によって与えられることも付記しておきたい。

演習 3-2　質量が m のミクロ粒子が 2 次元空間を自由に運動しているときの内部エネルギーを求めよ。

解）　分配関数 Z を求めてみよう。粒子が x 方向と y 方向を運動すると考え、その運動量を、それぞれ p_x および p_y とすると、エネルギーは

$$E = \frac{{p_x}^2 + {p_y}^2}{2m}$$

と与えられる。すべてのエネルギー状態を数え上げるには、p_x および p_y に関して、全空間で積分すればよい。よって、分配関数 Z は

$$Z = \int_{-\infty}^{\infty}\int_{-\infty}^{\infty} \exp\left(-\frac{{p_x}^2 + {p_y}^2}{2mk_B T}\right)dp_x dp_y$$

となる。

2 方向に自由に運動できるので、x 方向および y 方向で積分する必要があり、2 重積分となる。x, y 方向は互いに独立であるので

$$Z = \int_{-\infty}^{\infty} \exp\left(-\frac{{p_x}^2}{2mk_B T}\right) dp_x \int_{-\infty}^{\infty} \exp\left(-\frac{{p_y}^2}{2mk_B T}\right) dp_y$$

としてよいことになる。よって、それぞれのガウス積分を実施して、積をとればよい。したがって

$$Z = \sqrt{2\pi mk_B T} \cdot \sqrt{2\pi mk_B T} = 2\pi mk_B T$$

となる。ここで内部エネルギーは

$$U = -\frac{1}{Z}\frac{\partial Z}{\partial \beta}$$

であったので

$$Z = 2\pi mk_B T = \frac{2\pi m}{\beta} \qquad \text{から} \qquad \frac{\partial Z}{\partial \beta} = -\frac{2\pi m}{\beta^2}$$

したがって

$$U = -\frac{1}{Z}\frac{\partial Z}{\partial \beta} = \frac{1}{\beta} = k_B T$$

と与えられる。

ところで、ミクロ粒子の運動においては、**等分配の法則** (Law of equipartition) により、基本運動のエネルギーはすべての自由度あたり $(1/2)k_B T$ となることが知られている。したがって、x, y の 2 方向では

$$\frac{1}{2}k_B T + \frac{1}{2}k_B T = k_B T$$

となるのである。

演習 3-3　3 次元空間を自由に運動している 1 個の気体分子（質量: m）の平均エネルギーを求めよ。

解）　3 次元空間の質量 m の気体分子の運動エネルギーは

$$E = \frac{p_x{}^2 + p_y{}^2 + p_z{}^2}{2m}$$

となる。よって、分配関数 Z は

$$Z = \int_{-\infty}^{\infty}\int_{-\infty}^{\infty}\int_{-\infty}^{\infty} \exp\left(-\beta \frac{p_x{}^2 + p_y{}^2 + p_z{}^2}{2m} \right) dp_x\, dp_y\, dp_z$$

となる。この 3 重積分は分解できて

$$Z = \int_{-\infty}^{\infty} \exp\left(-\frac{\beta\, p_x{}^2}{2m} \right) dp_x \int_{-\infty}^{\infty} \exp\left(-\frac{\beta\, p_y{}^2}{2m} \right) dp_y \int_{-\infty}^{\infty} \exp\left(-\frac{\beta\, p_z{}^2}{2m} \right) dp_z$$

となる。

ガウス積分であるから、この系の分配関数は

$$Z = \sqrt{\frac{2\pi m}{\beta}} \cdot \sqrt{\frac{2\pi m}{\beta}} \cdot \sqrt{\frac{2\pi m}{\beta}} = \left(\frac{2\pi m}{\beta} \right)^{\frac{3}{2}}$$

と与えられる。ここで

$$U = -\frac{1}{Z}\frac{\partial Z}{\partial \beta} = -\left(\frac{2\pi m}{\beta} \right)^{-\frac{3}{2}} (2\pi m)^{\frac{3}{2}} \cdot \left(-\frac{3}{2} \right) \beta^{-\frac{5}{2}} = \frac{3}{2\beta}$$

から

$$U = \frac{3}{2} k_B T$$

となる。

いままでは、1 個の気体分子の運動を考えてきた。ここからは、気体分子が複数ある場合を考えてみよう。

まず、N 個の気体分子が 1 次元方向を自由に運動している場合の平均エネルギーを求めてみる。この場合のエネルギーは

$$E = \frac{p_1{}^2 + p_2{}^2 + p_3{}^2 + \ldots + p_N{}^2}{2m}$$

と与えられる。

よって、分配関数 $Z(N)$は

$$Z(N)=\int_{-\infty}^{\infty}\int_{-\infty}^{\infty}\cdots\int_{-\infty}^{\infty}\exp\left(-\beta\frac{p_1^{\ 2}+p_2^{\ 2}+\ldots+p_N^{\ 2}}{2m}\right)dp_1dp_2\ldots dp_N$$

となる。

この N 重積分は分解できて

$$Z(N)=\int_{-\infty}^{\infty}\exp\left(-\frac{\beta p_1^{\ 2}}{2m}\right)dp_1\int_{-\infty}^{\infty}\exp\left(-\frac{\beta p_2^{\ 2}}{2m}\right)dp_2\cdots\int_{-\infty}^{\infty}\exp\left(-\frac{\beta p_N^{\ 2}}{2m}\right)dp_N$$

となる。

ガウス積分であるから

$$Z(N)=\sqrt{\frac{2\pi m}{\beta}}\cdot\sqrt{\frac{2\pi m}{\beta}}\cdot\cdots\sqrt{\frac{2\pi m}{\beta}}=\left(\frac{2\pi m}{\beta}\right)^{\frac{N}{2}}$$

となる。ここで

$$U=-\frac{1}{Z}\frac{\partial Z}{\partial\beta}=-\left(\frac{2\pi m}{\beta}\right)^{-\frac{N}{2}}(2\pi m)^{\frac{N}{2}}\cdot\left(-\frac{N}{2}\right)\beta^{-\frac{N}{2}-1}=\frac{N}{2\beta}$$

から

$$U=\frac{N}{2}k_BT$$

となり、1個の場合のエネルギー $(1/2)\,k_BT$ の N 倍となっている。

ところで、ここで、粒子1個が x 方向のみに運動している場合の分配関数は

$$Z=\sqrt{2\pi mk_BT}=\sqrt{\frac{2\pi m}{\beta}}=\left(\frac{2\pi m}{\beta}\right)^{\frac{1}{2}}$$

であった。このとき、相互作用がなければ、N 粒子系の分配関数は

$$Z(N)=Z^N$$

と与えられるはずである。

したがって

$$Z(N) = Z^N = \left(\frac{2\pi m}{\beta}\right)^{\frac{N}{2}}$$

となる。これは、さきほど求めた N 粒子系の分配関数と一致している。

ところで、いままでは N を粒子数として説明してきたが、より一般的には、系の自由度 (degree of freedom) となる。その説明をしよう。例えば、1 粒子が x 方向の 1 方向にしか運動できない場合、自由度は 1 である。しかし、1 粒子の場合でも、3 次元空間では、x, y, z の 3 方向に運動できる。この場合には自由度は 3 になる。このとき、1 粒子で 1 方向の運動、つまり自由度が 1 の系の分配関数は

$$Z = \left(\frac{2\pi m}{\beta}\right)^{\frac{1}{2}}$$

であった。この粒子が x, y, z の 3 方向に運動している場合には、演習 3-3 で示したように

$$Z_3 = \left(\frac{2\pi m}{\beta}\right)^{\frac{3}{2}}$$

となるが、これは、まさに Z を 3 乗したものに他ならない。そして、N 個の粒子が x, y, z 方向に運動している場合の分配関数は

$$Z_3(N) = {Z_3}^N = \left(\frac{2\pi m}{\beta}\right)^{\frac{3N}{2}}$$

となるが、これは、まさに、1 粒子、1 方向の場合の分配関数 Z を、$3N$ 乗したものであり

$$Z_3(N) = Z^{3N} = \left(\sqrt{\frac{2\pi m}{\beta}}\right)^{3N} = \left(\frac{2\pi m}{\beta}\right)^{\frac{3N}{2}}$$

となっている。

自由度 1 の分配関数を Z として考えると、3 方向では、自由度が 3 になる。このときの分配関数は Z を 3 乗した Z^3 となる。

N 粒子、1 方向の運動では自由度が N となり、このときの分配関数は Z を N 乗した Z^N となる。N 粒子、3 方向の運動では、自由度が $3N$ になり、このときの分配関数は Z を $3N$ 乗した Z^{3N} となる。

よって、より一般的には、相互作用のない粒子の運動の場合、自由度 1 の分配関数がわかっていれば、それを自由度で累乗すれば分配関数が求められるのである。

演習 3-4　1 次元の調和振動子のエネルギーは

$$E = \frac{p_x^{\ 2}}{2m} + \frac{1}{2}kx^2$$

と与えられる。このとき、N 個の調和振動子のエネルギーを求めよ。ただし、m は振動子の質量、k はばね定数である。

解）　1 個の調和振動子の分配関数は

$$Z = \int_{-\infty}^{\infty}\int_{-\infty}^{\infty} \exp\left(-\frac{(p_x^{\ 2}/2m) + (kx^2/2)}{k_B T}\right) dp_x dx$$

$$= \int_{-\infty}^{\infty} \exp\left(-\frac{p_x^{\ 2}}{2mk_B T}\right) dp_x \int_{-\infty}^{\infty} \exp\left(-\frac{kx^2}{2k_B T}\right) dx = \sqrt{2\pi m k_B T} \cdot \sqrt{\frac{2\pi k_B T}{k}} = 2\pi\sqrt{\frac{m}{k}} k_B T$$

となる。

$$Z = 2\pi\sqrt{\frac{m}{k}} k_B T = \frac{2\pi}{\beta}\sqrt{\frac{m}{k}}$$

であるから、1 個の振動子のエネルギー U は

$$U = -\frac{1}{Z}\frac{\partial Z}{\partial \beta} = \frac{1}{\beta} = k_B T$$

となる。

したがって、N 個の系では

$$U(N) = NU = Nk_B T$$

となる。

ここで、N 個の系の分配関数を求めたうえで、内部エネルギーを計算してみよう。すると

$$Z(N) = Z^N = \left(2\pi\sqrt{\frac{m}{k}}k_B T\right)^N = \left(\frac{2\pi}{\beta}\sqrt{\frac{m}{k}}\right)^N$$

から

$$U(N) = -\frac{1}{Z(N)}\frac{\partial Z(N)}{\partial \beta} = \frac{N}{\beta} = Nk_B T$$

となって、同じ結果がえられる。

演習 3-5　3 次元空間において、z 方向に重力が作用している状態で運動している 1 個の気体分子 (質量: m)の平均エネルギーを求めよ。ただし、重力加速度を g とする。

解）　3 次元空間の質量 m の気体分子の運動エネルギーは

$$E = \frac{{p_x}^2 + {p_y}^2 + {p_z}^2}{2m} + mgz$$

となる。

よって、分配関数 Z は

$$Z = \int_{-\infty}^{\infty}\int_{-\infty}^{\infty}\int_{-\infty}^{\infty}\int_{0}^{\infty} \exp\left(-\beta\frac{{p_x}^2 + {p_y}^2 + {p_z}^2}{2m} - \beta mgz\right) dp_x\, dp_y\, dp_z dz$$

となる。(ただし、重力の作用する範囲は、地上を 0 として $z \geq 0$ としている。)
この積分は分解できて

$$Z = \int_{-\infty}^{\infty}\int_{-\infty}^{\infty}\int_{-\infty}^{\infty} \exp\left(-\beta\frac{{p_x}^2 + {p_y}^2 + {p_z}^2}{2m}\right) dp_x\, dp_y\, dp_z \int_{0}^{\infty}\exp(-\beta mgz)dz$$

となる。すでに求めたように

$$\int_{-\infty}^{\infty}\int_{-\infty}^{\infty}\int_{-\infty}^{\infty}\exp\left(-\beta\frac{{p_x}^2+{p_y}^2+{p_z}^2}{2m}\right)dp_x\,dp_y\,dp_z=\left(\frac{2\pi m}{\beta}\right)^{\frac{3}{2}}$$

である。つぎに

$$\int_0^{\infty}\exp(-\beta mgz)dz=\left[-\frac{\exp(-\beta mgz)}{\beta mg}\right]_0^{\infty}=\frac{1}{\beta mg}$$

であるので、分配関数は

$$Z=\frac{1}{\beta mg}\left(\frac{2\pi m}{\beta}\right)^{\frac{3}{2}}=\frac{2\pi\sqrt{2\pi m}}{g}\beta^{-\frac{5}{2}}$$

と与えられる。

したがって、内部エネルギー U は

$$U=-\frac{1}{Z}\frac{\partial Z}{\partial\beta}=\frac{5}{2}\beta^{-1}=\frac{5}{2}k_BT$$

となる。

つまり、重力があるときとないときでは、粒子 1 個あたり k_BT だけエネルギーが異なることになる。

3. 2.　単位胞

それでは、ある容器に閉じ込められた分子の運動について考えてみよう。

前章で紹介したように状態数ということに着目すると、連続的な運動量空間では、気体分子が入りうる最小単位を考えることはできない。

しかし、量子力学の波動性を導入すると、運動量空間に単位胞というものを考えることが可能になる。一辺が L の立方体の容器を考えると、単位胞の大きさは

$$a^3=\frac{h^3}{8L^3}$$

と与えられる。

ただし、これは運動量空間の単位胞である。エネルギーということに注目すると

$$E = \frac{p_x{}^2 + p_y{}^2 + p_z{}^2}{2m}$$

という関係にあり、p_x, p_y, p_z でそれぞれ $\pm a$, に対応したものがエネルギーではすべて同じ大きさの単位胞となるので、エネルギー単位胞の大きさは 8 倍となり、エネルギーの最小単位としての（運動量空間の）単位胞は

$$a_E{}^3 = \frac{h^3}{L^3} = \left(\frac{h}{L}\right)^3$$

と、修正される。

ここで、運動量としての微小量に対応した

$$\Delta p_x \Delta p_y \Delta p_z$$

という微小体積を考えてみよう。この中に、エネルギーとしての単位胞がどれくらい含まれているかの数は

$$\frac{\Delta p_x \Delta p_y \Delta p_z}{a_E{}^3} = \frac{L^3}{h^3} \Delta p_x \Delta p_y \Delta p_z$$

となる。つまり、量子化条件を考えてエネルギー状態の数をカウントする場合には

$$\Sigma \quad \to \quad \frac{L^3}{h^3} \iiint dp_x dp_y dp_z$$

という修正が必要となる。

あるいは、3 重積分を分解して

$$\Sigma \quad \to \quad \frac{L}{h} \int dp_x \cdot \frac{L}{h} \int dp_y \cdot \frac{L}{h} \int dp_z$$

というように考えてもよい。これは、長さ L の 1 次元空間（線となるが）内を運動する粒子の量子化条件から

$$a_E = \frac{h}{L}$$

と与えられることを意味している。

演習 3-6　質量が m のミクロ粒子が 1 次元空間の $0 \le x \le L$ の範囲を運動しているときの平均エネルギーを求めよ。

解）　量子化条件を考えると、分配関数は

$$Z = \frac{L}{h}\int_{-\infty}^{\infty} \exp\left(-\frac{{p_x}^2}{2mk_BT}\right)dp_x$$

となり

$$Z = \frac{L}{h}\sqrt{2\pi mk_BT} = \frac{L}{h}\sqrt{\frac{2\pi m}{\beta}} = \frac{L}{h}\sqrt{2\pi m}\beta^{-\frac{1}{2}}$$

と与えられる。

よって、内エネルギー U は

$$U = -\frac{1}{Z}\frac{\partial Z}{\partial \beta} = \frac{1}{Z}\frac{L}{2h}\sqrt{2\pi m}\beta^{-\frac{3}{2}} = \frac{1}{2}\beta^{-1} = \frac{1}{2}k_BT$$

となる。

結局、粒子が有するエネルギーは、自由に運動している場合も、ある空間に閉じ込められた粒子の場合も同じ$(1/2)k_BT$ となる。ここで、ちょっとした工夫をしよう。それは

$$L = \int_0^L dx$$

という関係を使って

$$Z = \frac{L}{h}\int_{-\infty}^{\infty} \exp\left(-\frac{{p_x}^2}{2mk_BT}\right)dp_x = \frac{1}{h}\int_0^L\int_{-\infty}^{\infty} \exp\left(-\frac{{p_x}^2}{2mk_BT}\right)dp_x\,dx$$

のように、分配関数 Z を運動量 p_x および位置 x を関数とする 2 重積分で表示するのである。こうすれば、解析力学で登場する p-x 空間（ただし、通常は x を q と表記する）、すなわち位相空間での積分とみなすことができる。

それでは、一辺が L の立方体容器に閉じ込められた N 個の気体分子の分配関数を求めてみよう。まず、エネルギーは

$$E = \frac{{p_{x1}}^2 + {p_{y1}}^2 + {p_{z1}}^2}{2m} + \frac{{p_{x2}}^2 + {p_{y2}}^2 + {p_{z2}}^2}{2m} + \cdots + \frac{{p_{xN}}^2 + {p_{yN}}^2 + {p_{zN}}^2}{2m}$$

となる。運動量 p の成分としては、x, y, z 成分がそれぞれ N 個あるので、全体で $3N$ 個あり、積分は $3N$ 重積分となる。量子化条件を考えると、エネルギー状態のすべての和をとるには

$$\Sigma \quad \to \quad \frac{L^{3N}}{h^{3N}} \iiint \cdots \iiint dp_{x1} dp_{y1} dp_{z1} \cdots dp_{xN} dp_{yN} dp_{zN}$$

という操作となる。

容器の体積を V とすると $V=L^3$ という関係にあるので、上式の L^{3N} を V^N と表記する場合もある。

したがって、われわれが求めるべき分配関数は

$$Z(3N) = \frac{L^{3N}}{h^{3N}} \int_{-\infty}^{\infty} \int_{-\infty}^{\infty} \int_{-\infty}^{\infty} \cdots \int_{-\infty}^{\infty} \exp\left(-\beta \frac{{p_{x1}}^2 + {p_{y1}}^2 + + \cdots + {p_{zN}}^2}{2m} \right) dp_{x1}\, dp_{y1} \cdots dp_{zN}$$

となる。いままで見てきたように、この $3N$ 重積分は分解することができ

$$Z(3N) = \frac{L^{3N}}{h^{3N}} \int_{-\infty}^{\infty} \exp\left(-\beta \frac{{p_{x1}}^2}{2m} \right) dp_{x1} \cdots \int_{-\infty}^{\infty} \exp\left(-\beta \frac{{p_{zN}}^2}{2m} \right) dp_{zN}$$

となるが、これら積分は、すべて同じ値となる。

よって

$$Z(3N) = \frac{L^{3N}}{h^{3N}} \left\{ \int_{-\infty}^{\infty} \exp\left(-\beta \frac{p^2}{2m} \right) dp \right\}^{3N} = \frac{L^{3N}}{h^{3N}} \left(\frac{2\pi m}{\beta} \right)^{\frac{3N}{2}}$$

となる。

これが、体積 $V=L^3$ の立方体容器に閉じ込められた N 個の気体分子の分配関数である。よって平均エネルギーは

$$U = -\frac{1}{Z(3N)} \frac{\partial Z(3N)}{\partial \beta} = -\left(\frac{2\pi m}{\beta} \right)^{-\frac{3N}{2}} (2\pi m)^{\frac{3N}{2}} \cdot \left(-\frac{3N}{2} \right) \beta^{-\frac{3N}{2}-1} = \frac{3N}{2\beta} = \frac{3}{2} N k_B T$$

と与えられる。これを気体定数 R とモル数 n を使って表記すれば

$$U = \frac{3}{2} nRT$$

となり、マクロな特性とも一致する。

もちろん、1 次元 1 粒子の分配関数 Z から $Z(3N)$を求めることが可能である。

$$Z = \frac{L}{h}\sqrt{\frac{2\pi m}{\beta}} = \frac{L}{h}\left(\frac{2\pi m}{\beta}\right)^{\frac{1}{2}}$$

3 次元空間を運動する N 個の粒子の自由度は $3N$ 個であるから

$$Z(3N) = Z^{3N} = \frac{L^{3N}}{h^{3N}}\left(\frac{2\pi m}{\beta}\right)^{\frac{3}{2}N} = \frac{V^N}{h^{3N}}\left(\frac{2\pi m}{\beta}\right)^{\frac{3}{2}N}$$

となり、同じ結果がえられる。ただし、こちらのほうが、はるかに導出が簡単であり、分配関数を導入する利点である。

演習 3-7　体積 $V = L^3$ の立方体容器に閉じ込められた N 個の気体分子のヘルムホルツ自由エネルギー F を求めよ。

解）　分配関数を T の関数に変換すると

$$Z(3N) = \frac{L^{3N}}{h^{3N}}\left(\frac{2\pi m}{\beta}\right)^{\frac{3N}{2}} = \frac{V^N}{h^{3N}}\left(\frac{2\pi m}{\beta}\right)^{\frac{3N}{2}} = \frac{V^N}{h^{3N}}\left(2\pi m k_B T\right)^{\frac{3N}{2}}$$

となる。

ここで $F = -k_B T \ln Z(3N)$ であったので

$$F = -k_B T \ln\left\{\frac{V^N}{h^{3N}}\left(2\pi m k_B T\right)^{\frac{3N}{2}}\right\}$$

と与えられる。

ここで、与式を変形してみよう。すると

$$F=-k_BT\ln\left\{\left(\frac{V}{h^3}\right)^N(2\pi mk_BT)^{\frac{3N}{2}}\right\}=-Nk_BT\ln\left\{\frac{V}{h^3}(2\pi mk_BT)^{\frac{3}{2}}\right\}$$

となる。実は、この結果には問題がある。それは、**ギブスのパラドックス**(Gibbs paradox) として知られている矛盾である。ヘルムホルツの自由エネルギーFは示量変数である。右辺を見ると、頭に粒子数の N がついており、これが示量変数であるので、N によって F の示量性は担保されている。しかし、よくみると ln の中にも、示量変数の V が入っている。このとき、粒子数 N を 2 倍にすれば体積 V も 2 倍になる。よって、このままでは、この余分な項 V のために、示量性の整合性がとれなくなる。

では、どうすればよいか、V を示量性の変数で割れば、この問題は解消できることになる。

ここで、前章で紹介した量子力学におけるミクロ粒子の不可弁別性を思い出してほしい。量子力学では、N 個の粒子を区別することができない。このとき、われわれはエネルギー状態数を $N!$だけダブルカウントしているのである。このため、N 粒子系の分配関数は $N!$で除す必要があった。

これを、いまの 3 次元空間を運動する N 粒子系の分配関数 Z に適用すると

$$Z(3N)=\frac{V^N}{h^{3N}}(2\pi mk_BT)^{\frac{3N}{2}} \qquad \rightarrow \qquad Z(3N)=\frac{V^N}{N!h^{3N}}(2\pi mk_BT)^{\frac{3N}{2}}$$

という修正が必要となるのである。

この結果、ヘルムホルツの自由エネルギーは

$$F=-k_BT\ln\left\{\frac{V^N}{N!h^{3N}}(2\pi mk_BT)^{\frac{3N}{2}}\right\}$$

となるが、スターリング近似

$$\ln N!=N\ln N-N$$

を適用すれば

$$F=-k_BT\ln\left\{\left(\frac{V}{h^3}\right)^N(2\pi mk_BT)^{\frac{3N}{2}}\right\}+k_BT\ln N!$$

$$= -Nk_BT\ln\left\{\frac{V}{h^3}(2\pi mk_BT)^{\frac{3}{2}} - \ln N + \ln e\right\} = -Nk_BT\ln\left\{\frac{eV}{Nh^3}(2\pi mk_BT)^{\frac{3}{2}}\right\}$$

となる。

この結果をみると、ln の中にある示量変数の V が示量変数の N で除されている。これにより、示量に関する整合性がとれているのである。

演習 3-8　体積 V の立方体容器に閉じ込められた N 個の気体分子のヘルムホルツの自由エネルギーが

$$F = -Nk_BT\ln\left\{\frac{eV}{Nh^3}(2\pi mk_BT)^{\frac{3}{2}}\right\}$$

と与えられることを利用して、エントロピー S を求めよ。

解）　体積 V が一定の場合の自由エネルギー F とエントロピー S の関係 $S = -\dfrac{\partial F}{\partial T}$ を利用すると

$$\frac{\partial F}{\partial T} = -Nk_B\ln\left\{\frac{eV}{Nh^3}(2\pi mk_BT)^{\frac{3}{2}}\right\} - Nk_BT\cdot\frac{\partial}{\partial T}\left[\ln\left\{\frac{eV}{Nh^3}(2\pi mk_BT)^{\frac{3}{2}}\right\}\right]$$

ここで

$$\ln\left\{\frac{eV}{Nh^3}(2\pi mk_BT)^{\frac{3}{2}}\right\} = \ln\left\{\frac{eV}{Nh^3}(2\pi mk_B)^{\frac{3}{2}}T^{\frac{3}{2}}\right\} = \ln\left\{\frac{eV}{Nh^3}(2\pi mk_B)^{\frac{3}{2}}\right\} + \frac{3}{2}\ln T$$

と変形できるので

$$\frac{\partial F}{\partial T} = -Nk_B\ln\left\{\frac{eV}{Nh^3}(2\pi mk_BT)^{\frac{3}{2}}\right\} - \frac{3}{2}Nk_B$$

から

$$S = -\frac{\partial F}{\partial T} = Nk_B\ln\left\{\frac{eV}{Nh^3}(2\pi mk_BT)^{\frac{3}{2}}\right\} + \frac{3}{2}Nk_B\ln e$$

$$= Nk_B\ln\left\{\frac{eV}{Nh^3}(2\pi mk_BT)^{\frac{3}{2}}e^{\frac{3}{2}}\right\} = Nk_B\ln\left\{\frac{V}{Nh^3}(2\pi mk_BT)^{\frac{3}{2}}e^{\frac{5}{2}}\right\}$$

となる。

それでは、ヘルムホルツの自由エネルギーFとエントロピーSの表式がえられたので、これらを利用して内部エネルギーUを計算してみよう。$F=U-TS$から

$$U = F + TS = -Nk_BT\ln\left\{\frac{eV}{Nh^3}(2\pi mk_BT)^{\frac{3}{2}}\right\} + Nk_BT\ln\left\{\frac{V}{Nh^3}(2\pi mk_BT)^{\frac{3}{2}}e^{\frac{5}{2}}\right\}$$

$$= Nk_BT\ln e^{\frac{3}{2}} = \frac{3}{2}Nk_BT$$

となる。

3.3. エネルギー準位に縮重がある場合

積分形の分配関数は

$$Z = \int_0^\infty \exp\left(-\frac{E}{k_BT}\right)dE$$

と与えられることを示した。そして、注意点としては、想定される全空間において、すべてのエネルギー成分に関して積分するということも指摘した。

ただし、この式に対して修正が必要となる場合がある。それは、離散型で示した縮重である。離散型の分配関数は、縮重がない場合は

$$Z = \sum_{r=1}^\infty \exp\left(-\frac{E_r}{k_BT}\right)$$

と与えられるが、縮重がある場合は、エネルギー状態 E_r の状態数（すなわち縮重度）を $W(E_r)$として

$$Z = \sum_{r=1}^\infty W(E_r)\exp\left(-\frac{E_r}{k_BT}\right)$$

と修正されるのであった。

同様にして、エネルギー状態に縮重がある場合には

$$Z = \int_0^\infty \exp\left(-\frac{E}{k_BT}\right)dE$$

を修正して

$$Z = \int_0^\infty \exp\left(-\frac{E}{k_BT}\right)D(E)dE$$

とする必要がある。ただし、$D(E)$は**エネルギー状態密度**(density of states)と呼ばれ、$D(E)dE$ はエネルギーが E から $E+dE$ の範囲にあるエネルギーの状態数に相当する。このとき、$D(E)$は E の関数として与えられ、上記の積分を実行すれば分配関数がえられることになる。

ここで、逆温度β を使えば、分配関数は

$$Z = \int_0^\infty \exp\left(-\beta E\right) D(E)\, dE$$

と与えられるが、この式は、まさにラプラス変換 (Laplace transformation) そのものであることに気付いた方もいるだろう。そして

$$Z = L(f(E)) = f(\beta) = \int_0^\infty \exp\left(-\beta E\right) f(E)\, dE$$

となる。$f(E) = 1$ のとき、ラプラス変換の公式から

$$Z = s(\beta) = \int_0^\infty \exp\left(-\beta E\right) dE = \frac{1}{\beta}$$

となる。ここで

$$< E > = \frac{1}{Z} \int_0^\infty \exp\left(-\beta E\right) E\, dE$$

となるが、右辺の積分は$f(E) = E$ のラプラス変換であり、公式から

$$L(E) = \int_0^\infty \exp\left(-\beta E\right) E\, dE = \frac{1}{\beta^2}$$

となる。よって

$$< E > = \frac{1}{Z} \frac{1}{\beta^2} = \frac{\beta}{\beta^2} = \frac{1}{\beta} = k_B T$$

となる。もちろん、分配関数が求められているので

$$< E > = U = -\frac{1}{Z} \frac{\partial Z}{\partial \beta}$$

という関係から

$$< E > = -\frac{1}{Z} \frac{\partial Z}{\partial \beta} = -\beta \left(-\frac{1}{\beta^2} \right) = \frac{1}{\beta} = k_B T$$

と求めることもできる。

さらに、電子のエネルギー状態密度である $D(E)=\sqrt{E}$ のときは $D(E)=E^x$ に対応したラプラス変換が

$$L(E^x)=\frac{1}{\beta^{x+1}}\Gamma(x+1)$$

となるという公式を使うと

$$L(E^{1/2})=\frac{1}{\beta^{3/2}}\Gamma\left(\frac{3}{2}\right)=\frac{\sqrt{\pi}}{2}(k_BT)^{\frac{3}{2}}$$

と与えられる。

本書では、ラプラス変換の公式は使わずに、直接積分を施すことで、解を得ている。ラプラス変換が面白いのは、分配関数 $Z(\beta)$がわかれば、その逆変換を施すことで、エネルギー状態密度 $D(E)$を計算できることである。

なお、ラプラス変換および逆変換については、拙著『なるほど微積分』(海鳴社) を参照いただきたい。

第4章　大分配関数

4.1.　大分配関数

エネルギーEだけでなく、粒子数Nも変化する系がグランドカノニカル集団である。この際、ボツルマン因子

$$\exp\left(-\frac{E}{k_B T}\right)$$

のエネルギー項Eをどのように考えればよいのであろうか。これは第1章で紹介したように、エネルギー状態E_rに粒子数の寄与である$-\mu N$を加えて

$$E = E_r - \mu N$$

とすればよいのであった。

μは化学ポテンシャル (chemical potential) と呼ばれ、粒子1個あたりのエネルギーと考えることができる。よって、それに粒子数Nを乗じれば、粒子数の影響も含めた、系のエネルギーがえられる。また、μは、正負どちらの符号もとることができる。

また、E_rはNに依存するので

$$E = E_r(N) - \mu N$$

と表記した方が明確である。あるいは

$$E(N) = E_r(N) - \mu N \qquad E(N+1) = E_r(N+1) - \mu(N+1)$$

として

$$E(N+1) - E(N) = E_r(N+1) - E_r(N) - \mu$$

が粒子が1個増えた場合のエネルギー変化となる。

ここで、グランドカノニカル集団のボルツマン因子は

$$\exp\left(-\frac{E_r(N)-\mu N}{k_B T}\right)$$

となる。この因子が、粒子数が N でエネルギー状態が $E_r(N)$となる確率に比例する。

グランドカノニカル集団の分配関数は、可能なすべての E_r 状態と、粒子数 N の和をとればよいので

$$Z_G = \sum_{N=0}^{\infty}\sum_{r=0}^{\infty}\exp\left(-\frac{E_r(N)-\mu N}{k_B T}\right)$$

と与えられる。この分配関数を**大分配関数** (grand partition function) と呼び、Z_G と表記する。

この和のとり方は、まず、粒子数 N を指定する。この際、N 粒子をどのようにエネルギー準位ε_0, ε_1, ε_2,..., ε_nに配するかによって $E_r(N)$も決まる。したがって

$$Z_G = \lim_{N\to\infty}\sum_{N=0}^{N}\sum_{r=0}^{\infty}\exp\left(-\frac{E_r(N)-\mu N}{k_B T}\right)$$

$$= \lim_{N\to\infty}\sum_{N=0}^{N}\exp\left(\frac{\mu N}{k_B T}\right)\sum_{r=0}^{\infty}\exp\left(-\frac{E_r(N)}{k_B T}\right)$$

と表記したほうがわかりやすい。

つまり、$E_r(N)$に対応したカノニカル分布の分配関数

$$Z(N) = \sum_{r=0}^{\infty}\exp\left(-\frac{E_r(N)}{k_B T}\right)$$

を求めたうえで、さらに、N について 0 から∞までの和をとればよいのである。このとき、系の粒子数が N となりエネルギー状態が E_r となる確率は、大分配関数 Z_G を使って

$$p(E_r, N) = \frac{1}{Z_G}\exp\left(-\frac{E_r(N)-\mu N}{k_B T}\right)$$

と与えられる。逆温度 βを使うと

$$Z_G = \sum_{N=0}^{\infty}\sum_{r=0}^{\infty}\exp\{-\beta(E_r(N)-\mu N)\}$$

$$p(E_r, N) = \frac{1}{Z_G} \exp\{-\beta(E_r(N) - \mu N)\}$$

となる。

ここで、グランドカノニカル分布における平均エネルギーを考えてみよう。それは

$$< E > = E_1 \sum_{N=0}^{\infty} p(E_1, N) + E_2 \sum_{N=0}^{\infty} p(E_2, N) + ... + E_r \sum_{N=0}^{\infty} p(E_r, N) + ...$$

となるが、いまの場合は

$$< E > = \frac{1}{Z_G} \sum_{r=0}^{\infty} \sum_{N=0}^{\infty} E_r \exp\left(-\frac{E_r - \mu N}{k_B T}\right)$$

となる。

同様にして、グランドカノニカル集団の粒子数の平均は

$$< N > = N_1 \sum_{r=0}^{\infty} p(E_r, N_1) + N_2 \sum_{r=0}^{\infty} p(E_r, N_2) + ... + N_m \sum_{r=0}^{\infty} p(E_r, N_m) + ...$$

から

$$< N > = \frac{1}{Z_G} \sum_{N=0}^{\infty} \sum_{r=0}^{\infty} N \exp\left(-\frac{E_r - \mu N}{k_B T}\right)$$

と与えられる。

演習 4-1　グランドカノニカル集団における大分配関数 Z_G の自然対数を化学ポテンシャル μ に関して偏微分せよ。

解）　$Z_G = \sum_{N=0}^{\infty} \sum_{r=0}^{\infty} \exp\left(-\frac{E_r - \mu N}{k_B T}\right)$　とすると

$$\frac{\partial}{\partial \mu} \ln Z_G = \frac{1}{Z_G} \frac{\partial Z_G}{\partial \mu} = \frac{1}{Z_G} \sum_{N=0}^{\infty} \sum_{r=0}^{\infty} \frac{N}{k_B T} \exp\left(-\frac{E_r - \mu N}{k_B T}\right)$$

となる。ここで

$$< N > = \frac{1}{Z_G} \sum_{N=0}^{\infty} \sum_{r=0}^{\infty} N \exp\left(-\frac{E_r - \mu N}{k_B T}\right)$$

という関係にあるから

$$k_B T \frac{\partial}{\partial \mu}(\ln Z_G) = < N >$$

となる。

このように、大分配関数を化学ポテンシャルμに関して偏微分すると、系の平均粒子数を求めることができる。

演習 4-2　グランドカノニカル集団における大分配関数Z_Gの自然対数を逆温度βに関して偏微分せよ。

解）　$Z_G = \sum_{N=0}^{\infty}\sum_{r=0}^{\infty} \exp\{-\beta(E_r - \mu N)\}$ であるから

$$\frac{\partial}{\partial \beta}\ln Z_G = \frac{1}{Z_G}\frac{\partial Z_G}{\partial \beta} = -\frac{1}{Z_G}\sum_{N=0}^{\infty}\sum_{r=0}^{\infty}(E_r - \mu N)\exp\{-\beta(E_r - \mu N)\}$$

$$= -\frac{1}{Z_G}\sum_{N=0}^{\infty}\sum_{r=0}^{\infty} E_r \exp\left(-\frac{E_r - \mu N}{k_B T}\right) + \mu\frac{1}{Z_G}\sum_{N=0}^{\infty}\sum_{r=0}^{\infty} N \exp\left(-\frac{E_r - \mu N}{k_B T}\right)$$

となり　$\frac{\partial}{\partial \beta}\ln Z_G = -< E > + \mu < N >$　となる。

以上のように、グランドカノニカル分布の場合にも、大分配関数を利用することで、いろいろな熱力学関数を求めることができるのである。

ところで、系の内部エネルギーUが、系の平均エネルギー $< E >$ に等しいとすると、今求めた関係

$$\frac{\partial}{\partial \beta}\ln Z_G = -< E > + \mu < N >$$

から

$$U = -\frac{\partial}{\partial \beta}\ln Z_G + \mu < N >$$

と与えられる。ここで、演習 4-1 から

$$<N> = k_B T \frac{\partial}{\partial \mu}(\ln Z_G)$$

という関係にあるので

$$U = -\frac{\partial}{\partial \beta}\ln Z_G + \mu k_B T \frac{\partial}{\partial \mu}(\ln Z_G)$$

となり、内部エネルギーが大分配関数をもとに与えられることがわかる。

4. 2.　大分配関数と分配関数

大分配関数

$$Z_G = \sum_{0}^{\infty} \exp\left(\frac{\mu N}{k_B T}\right) \sum_{r=0}^{\infty} \exp\left(-\frac{E_r(N)}{k_B T}\right)$$

において

$$\exp\left(\frac{\mu N}{k_B T}\right) = \left\{\exp\left(\frac{\mu}{k_B T}\right)\right\}^N$$

ということに注意し、$\exp\left(\frac{\mu}{k_B T}\right) = \lambda$　と置くと、大分配関数は

$$Z_G = \sum_{N=0}^{\infty} \lambda^N Z(N)$$

あるいは

$$Z_G = Z(0) + \lambda Z(1) + \lambda^2 Z(2) + \lambda^3 Z(3) + ... + \lambda^N Z(N) + ...$$

と表記することもできる。

このように表記すれば、Z_Gが粒子数が 0, 1, 2, ..., N, ...のカノニカル分布の分配関数を、すべて含んでいるということが明確となる。さらに、1 粒子系の分配関数を Z と置けば

$$Z_G = 1 + \lambda Z + \lambda^2 Z^2 + \lambda^3 Z^3 + ... + \lambda^N Z^N + ...$$

となる。

これは、初項が 1 で、公比がλZの無限等比級数であるので

$$Z_G = \frac{1}{1-\lambda Z}$$

となる。

さらに、粒子の区別のできないミクロ粒子では、不可弁別性のために、分配関数の修正が必要となり

$$Z_G = 1 + \lambda Z + \frac{\lambda^2 Z^2}{2!} + \frac{\lambda^3 Z^3}{3!} + \ldots + \frac{\lambda^N Z^N}{N!} + \ldots$$

となる。ここで、指数関数の級数展開

$$\exp(x) = e^x = 1 + x + \frac{x^2}{2} + \frac{x^3}{3!} + \ldots + \frac{x^n}{n!} + \ldots$$

を思い出してみよう。すると、Z_G の右辺は、まさに e の級数展開であり

$$Z_G = \exp(\lambda Z) = e^{\lambda Z}$$

となる。

驚くことに、粒子の区別のできないグランドカノニカル集団の分配関数は、べきが λZ の指数関数となるのである。

この関係式を使えば、カノニカル分布において求めた 1 粒子系の分配関数 Z から、容易に大分配関数を求めることが可能となるのである。この関係は、非常に有用である。

演習 4-3　エネルギーが 0 と ε の 2 準位系において、粒子間に相互作用がなく、粒子が区別できない場合の系の大分配関数を求めよ。ただし、化学ポテンシャルを μ とし、$\exp(\mu / k_B T) = \exp(\beta\mu) = \lambda$ とする。

解）　この系の 1 粒子系の分配関数は

$$Z = \exp(-0\beta) + \exp(-\beta\varepsilon) = 1 + \exp(-\beta\varepsilon)$$

したがって、大分配関数は

$$Z_G = 1 + \lambda Z + \frac{1}{2!}\lambda^2 Z^2 + \ldots + \frac{1}{N!}\lambda^N Z^N + \ldots = \exp\lambda\{1 + \exp(-\beta\varepsilon)\}$$

と与えられる。あるいは $\lambda = \exp(\beta\mu)$ であるから

$$Z_G = \exp\left\{\lambda + \exp\left(\beta(\mu - \varepsilon)\right)\right\}$$

としてもよい。

ここで、この系の平均粒子数$\langle N \rangle$を求めてみよう。

$$<N> = k_B T \frac{\partial}{\partial \mu}(\ln Z_G)$$

と与えられるので

$$\ln Z_G = \lambda + \exp\left(\beta(\mu - \varepsilon)\right)$$

ここで

$$\lambda = \exp(\beta\mu) \qquad \text{から} \qquad \frac{\partial \lambda}{\partial \mu} = \beta \exp(\beta\mu)$$

したがって

$$\frac{\partial}{\partial \mu}(\ln Z_G) = \beta \exp\left(\beta\mu\right) + \beta \exp\left(\beta(\mu - \varepsilon)\right) = \beta \exp\left(\beta\mu\right)\left(1 + \exp(-\beta\varepsilon)\right)$$

となり

$$<N> = k_B T \frac{\partial}{\partial \mu}(\ln Z_G) = \frac{1}{\beta}\frac{\partial}{\partial \mu}(\ln Z_G) = \exp\left(\beta\mu\right)\left(1 + \exp(-\beta\varepsilon)\right)$$

$$= \lambda\left(1 + \exp(-\beta\varepsilon)\right)$$

が温度 T における平均粒子数となる。

演習 4-4　エネルギーが 0 と ε の 2 準位系において、粒子間に相互作用がなく、粒子が区別できない場合の系の平均エネルギーを求めよ。

解）　内部エネルギーUは

$$U = -\frac{\partial}{\partial \beta}\ln Z_G + \mu <N>$$

となる。

$$Z_G = \exp\left\{\lambda + \exp\left(\beta(\mu - \varepsilon)\right)\right\}$$

から

$$\ln Z_G = \lambda + \exp(\beta(\mu - \varepsilon)) = \exp(\beta\mu) + \exp(\beta(\mu - \varepsilon))$$

よって

$$\frac{\partial}{\partial \beta}\ln Z_G = \mu \exp(\beta\mu) + (\mu - \varepsilon)\exp(\beta(\mu - \varepsilon))$$

となる。ここで

$$< N >= \exp(\beta\mu)(1 + \exp(-\beta\varepsilon)) = \exp(\beta\mu) + \exp(\beta(\mu - \varepsilon))$$

であったから

$$U = -\frac{\partial}{\partial \beta}\ln Z_G + \ \mu < N > = \varepsilon \exp(\beta(\mu - \varepsilon))$$

$$= \varepsilon \exp\left(\frac{\mu - \varepsilon}{k_B T}\right)$$

となる。

演習 4-5　単原子分子からなる理想気体の大分配関数を求めよ。

解)　理想気体の 1 粒子系のカノニカル分布の分配関数は

$$Z = \frac{V(2\pi m k_B T)^{\frac{3}{2}}}{h^3}$$

と与えられるのであった。気体分子の区別はできないから、大分配関数は

$$Z_G = 1 + \lambda Z + \frac{\lambda^2 Z^2}{2!} + \frac{\lambda^3 Z^3}{3!} + ... + \frac{\lambda^N Z^N}{N!} + ...$$

となる。これは、まさに指数関数の級数展開であるから

$$Z_G = \exp(\lambda Z) \ = \exp\left\{\frac{\lambda V(2\pi m k_B T)^{\frac{3}{2}}}{h^3}\right\}$$

となる。

ちなみに、指数関数にまとめずに

$$Z_G = \sum_{N=0}^{\infty} \lambda^N \frac{V^N}{N!h^{3N}} (2\pi m k_B T)^{\frac{3N}{2}} = \sum_{N=0}^{\infty} \lambda^N \frac{V^N}{N!h^{3N}} \left(\frac{2\pi m}{\beta}\right)^{\frac{3N}{2}}$$

と表記してもよい。

演習 4-6　グランドカノニカル集団としての、単原子分子からなる理想気体の平均粒子数を求めよ。

解）　系の平均粒子数は $< N >= k_B T \dfrac{\partial}{\partial \mu}(\ln Z_G)$ と与えられる。$Z_G = \exp(\lambda Z)$ より $\ln Z_G = \lambda Z$ 。　よって $\dfrac{\partial}{\partial \mu}(\ln Z_G) = \dfrac{\partial \lambda}{\partial \mu} Z$ となる。$\lambda = \exp\left(\dfrac{\mu}{k_B T}\right)$ であるから

$$\frac{\partial}{\partial \mu}(\ln Z_G) = \left(\frac{1}{k_B T}\right) \exp\left(\frac{\mu}{k_B T}\right) Z$$

$Z = \dfrac{V(2\pi m k_B T)^{\frac{3}{2}}}{h^3}$ より、系の平均粒子数は

$$< N >= k_B T \frac{\partial}{\partial \mu}(\ln Z_G) = \frac{V(2\pi m k_B T)^{\frac{3}{2}}}{h^3} \exp\left(\frac{\mu}{k_B T}\right)$$

となる。

この式を変形すると

$$\frac{< N >}{V} = \frac{(2\pi m k_B T)^{\frac{3}{2}}}{h^3} \exp\left(\frac{\mu}{k_B T}\right)$$

となり、単位体積あたりの粒子数、すなわちミクロ粒子の密度は

$$\exp\left(\frac{\mu}{k_B T}\right) = \exp(\beta \mu)$$

に比例することがわかる。これは、まさにλである。熱力学では、この値を**絶対活量** (absolute activity) と呼んでいる。

演習 4-7　グランドカノニカル集団としての、単原子分子からなる理想気体の内部エネルギーを求めよ。

解）　系の内部エネルギーは

$$U = -\frac{\partial}{\partial \beta}(\ln Z_G) + \mu k_B T \frac{\partial}{\partial \mu}(\ln Z_G) = -\frac{\partial}{\partial \beta}(\ln Z_G) + \frac{\mu}{\beta}\frac{\partial}{\partial \mu}(\ln Z_G)$$

と与えられる。ここで

$$Z_G = \exp\left\{\frac{\lambda V (2\pi m k_B T)^{\frac{3}{2}}}{h^3}\right\} = \exp\left\{\frac{\lambda V}{h^3}\left(\frac{2\pi m}{\beta}\right)^{\frac{3}{2}}\right\}$$

より　$\ln Z_G = \dfrac{\lambda V}{h^3}\left(\dfrac{2\pi m}{\beta}\right)^{\frac{3}{2}} = \dfrac{\lambda V}{h^3}(2\pi m)^{\frac{3}{2}}\beta^{-\frac{3}{2}}$　,　$\lambda = \exp\left(\dfrac{\mu}{k_B T}\right) = \exp(\beta\mu)$　から

$$\ln Z_G = \frac{V}{h^3}(2\pi m)^{\frac{3}{2}}\exp(\beta\mu)\beta^{-\frac{3}{2}}$$

となる。よって

$$\frac{\partial}{\partial \beta}(\ln Z_G) = \mu\frac{V}{h^3}(2\pi m)^{\frac{3}{2}}\exp(\beta\mu)\beta^{-\frac{3}{2}} - \frac{3}{2}\frac{V}{h^3}(2\pi m)^{\frac{3}{2}}\exp(\beta\mu)\beta^{-\frac{5}{2}}$$

$$\frac{\partial}{\partial \mu}(\ln Z_G) = \frac{V}{h^3}(2\pi m)^{\frac{3}{2}}\exp(\beta\mu)\beta^{-\frac{1}{2}}$$

したがって、内部エネルギーUは

$$U = -\frac{\partial}{\partial \beta}(\ln Z_G) + \frac{\mu}{\beta}\frac{\partial}{\partial \mu}(\ln Z_G)$$

$$= -\mu\frac{V}{h^3}(2\pi m)^{\frac{3}{2}}\exp(\beta\mu)\beta^{-\frac{3}{2}} + \frac{3}{2}\frac{V}{h^3}(2\pi m)^{\frac{3}{2}}\exp(\beta\mu)\beta^{-\frac{5}{2}}$$

$$+\mu\frac{V}{h^3}(2\pi m)^{\frac{3}{2}}\exp(\beta\mu)\beta^{-\frac{3}{2}} = \frac{3}{2}\frac{V}{h^3}(2\pi m)^{\frac{3}{2}}\exp(\beta\mu)\beta^{-\frac{5}{2}}$$

となる。

　ここで $\beta = 1/k_B T$ を代入すると、内部エネルギーは

$$U = \frac{3}{2} k_B T \frac{V}{h^3} (2\pi m k_B T)^{\frac{3}{2}} \exp\left(\frac{\mu}{k_B T}\right)$$

となる。

内部エネルギーを別の側面から見てみよう。すると

$$< N > = \frac{V(2\pi m k_B T)^{\frac{3}{2}}}{h^3} \exp\left(\frac{\mu}{k_B T}\right)$$

であったので、内部エネルギーは

$$U = \frac{3}{2} k_B T \frac{V}{h^3} (2\pi m k_B T)^{\frac{3}{2}} \exp\left(\frac{\mu}{k_B T}\right) = \frac{3}{2} < N > k_B T$$

と与えられる。この結果は、3 次元空間における単原子理想気体の内部エネルギーそのものであり、熱力学との整合性がえられることもわかる。

4. 3.　量子統計

4. 3. 1. フェルミ粒子

グランドカノニカル分布の最も重要な応用は、量子統計への応用である。その内容については、すでに前著の『なるほど統計力学』(海鳴社) で紹介している。ここでは、分配関数に注目してフェルミ分布を求めてみよう。

フェルミ粒子は、ひとつの準位に 1 個までの粒子しか入れない。これをもとに分配関数を考えてみよう。まず、エネルギー準位を、低いほうから

$$\varepsilon_1, \varepsilon_2, \varepsilon_3, ..., \varepsilon_n, ...$$

としよう。ただし、グランドカノニカル分布では n は無限大まで続くことになる。フェルミ粒子では、エネルギー準位 ε_1 に入る粒子は 0 または 1 個であるので、エネルギー状態の和は

$$\lambda^0 \left\{ \exp\left(-\frac{\varepsilon_1}{k_B T}\right) \right\}^0 + \lambda^1 \exp\left(-\frac{\varepsilon_1}{k_B T}\right) = 1 + \exp\left(\frac{\mu}{k_B T}\right) \exp\left(-\frac{\varepsilon_1}{k_B T}\right)$$

となる。つまり、エネルギー状態は 2 個しかない。

つぎの、エネルギー準位ε_2に入る粒子も 0 か 1 個である。よって、対応するエネルギー状態の和（分配関数の成分） は

$$\lambda^0\left\{\exp\left(-\frac{\varepsilon_2}{k_BT}\right)\right\}^0+\lambda^1\exp\left(-\frac{\varepsilon_2}{k_BT}\right)=1+\exp\left(\frac{\mu}{k_BT}\right)\exp\left(-\frac{\varepsilon_2}{k_BT}\right)$$

となる。

ここで、エネルギー準位ε_2に入る事象は、ε_1の影響を受けないから、場合の数は 2×2 の 4 通りとなり、その状態和は

$$\left\{1+\lambda\exp\left(-\frac{\varepsilon_1}{k_BT}\right)\right\}\left\{1+\lambda\exp\left(-\frac{\varepsilon_2}{k_BT}\right)\right\}$$

となるはずである。これを計算すると

$$1+\lambda\exp\left(-\frac{\varepsilon_1}{k_BT}\right)+\lambda\exp\left(-\frac{\varepsilon_2}{k_BT}\right)+\lambda^2\exp\left(-\frac{\varepsilon_1}{k_BT}\right)\exp\left(-\frac{\varepsilon_2}{k_BT}\right)$$

$$=1+\lambda\exp\left(-\frac{\varepsilon_1}{k_BT}\right)+\lambda\exp\left(-\frac{\varepsilon_2}{k_BT}\right)+\lambda^2\exp\left(-\frac{(\varepsilon_1+\varepsilon_2)}{k_BT}\right)$$

となる。これら 4 つの項は、$(\varepsilon_1, \varepsilon_2)$ に入る電子数で表示すると、それぞれの項は (0, 0) (1, 0) (0, 1) (1, 1) に対応し、エネルギー状態では、$0, \varepsilon_1, \varepsilon_2, \varepsilon_1+\varepsilon_2$ に対応している。

つぎに、エネルギー準位ε_3に入る粒子も 0 か 1 個である。よって、対応するエネルギー状態の和（分配関数の成分）は

$$\lambda^0\left\{\exp\left(-\frac{\varepsilon_3}{k_BT}\right)\right\}^0+\lambda^1\exp\left(-\frac{\varepsilon_3}{k_BT}\right)=1+\exp\left(\frac{\mu}{k_BT}\right)\exp\left(-\frac{\varepsilon_3}{k_BT}\right)$$

となる。

よって、ε_3までの状態和は

$$\left\{1+\lambda\exp\left(-\frac{\varepsilon_1}{k_BT}\right)\right\}\left\{1+\lambda\exp\left(-\frac{\varepsilon_2}{k_BT}\right)\right\}\left\{1+\lambda\exp\left(-\frac{\varepsilon_3}{k_BT}\right)\right\}$$

となる。ここで　$\lambda = \exp\left(\dfrac{\mu}{k_B T}\right)$　であるから

$$\lambda \exp\left(-\frac{\varepsilon}{k_B T}\right) = \exp\left(-\frac{\varepsilon - \mu}{k_B T}\right)$$

であるので

$$\left\{1 + \exp\left(-\frac{\varepsilon_1 - \mu}{k_B T}\right)\right\} \left\{1 + \exp\left(-\frac{\varepsilon_2 - \mu}{k_B T}\right)\right\} \left\{1 + \exp\left(-\frac{\varepsilon_3 - \mu}{k_B T}\right)\right\}$$

とおける。これ以降も、同様の計算が続き、結局、フェルミ粒子に対応した大分配関数は、積和記号を使えば

$$Z_G = \prod_{i=0}^{\infty} \left\{1 + \exp\left(-\frac{\varepsilon_i - \mu}{k_B T}\right)\right\}$$

と与えられることになる。

演習 4-8　上記の大分配関数を利用して、フェルミ粒子のエネルギー分布を求めよ。

解）

$$\ln Z_G = \ln\left\{1 + \exp\left(-\frac{\varepsilon_1 - \mu}{k_B T}\right)\right\} + ... + \ln\left\{1 + \exp\left(-\frac{\varepsilon_n - \mu}{k_B T}\right) + ...\right\}$$

であるので

$$\frac{\partial}{\partial \mu}(\ln Z_G) = \frac{\partial}{\partial \mu}\ln\left\{1 + \exp\left(-\frac{\varepsilon_1 - \mu}{k_B T}\right)\right\} + ... + \frac{\partial}{\partial \mu}\ln\left\{1 + \exp\left(-\frac{\varepsilon_n - \mu}{k_B T}\right) + ...\right\}$$

となる。したがって

$$\frac{\partial}{\partial \mu}(\ln Z_G) = \frac{1}{k_B T}\left\{\frac{\exp\left(-\dfrac{\varepsilon_1 - \mu}{k_B T}\right)}{1 + \exp\left(-\dfrac{\varepsilon_1 - \mu}{k_B T}\right)} + ... + \frac{\exp\left(-\dfrac{\varepsilon_n - \mu}{k_B T}\right)}{1 + \exp\left(-\dfrac{\varepsilon_n - \mu}{k_B T}\right)} + ...\right\}$$

$$=\frac{1}{k_BT}\left\{\frac{1}{1+\exp\left(\frac{\varepsilon_1-\mu}{k_BT}\right)}+\frac{1}{1+\exp\left(\frac{\varepsilon_2-\mu}{k_BT}\right)}+\ldots+\frac{1}{1+\exp\left(\frac{\varepsilon_n-\mu}{k_BT}\right)}+\ldots\right\}$$

$$=\frac{1}{k_BT}\sum_j\frac{1}{1+\exp\left(\frac{\varepsilon_j-\mu}{k_BT}\right)}$$

ここで

$$<N>=k_BT\frac{\partial}{\partial\mu}(\ln Z_G)=\sum_j\frac{1}{1+\exp\left(\frac{\varepsilon_j-\mu}{k_BT}\right)}$$

となる。

この結果から、フェルミ粒子の分布は

$$n_j=\frac{1}{1+\exp\left(\frac{\varepsilon_j-\mu}{k_BT}\right)}$$

となることがわかる。このような分布を**フェルミ分布** (Fermi distribution) と呼んでいる。

4. 3. 2.　ボーズ粒子

ボーズ粒子は、ひとつの準位に何個でも粒子が入ることができる。これをもとに分配関数を考えてみよう。まず、エネルギー準位を、低いほうから

$$\varepsilon_1, \varepsilon_2, \varepsilon_3, \ldots, \varepsilon_n, \ldots$$

としよう。

ボーズ粒子では、エネルギー準位ε_1に入る粒子は 0 から∞までであるので、エネルギー状態の和は

$$\lambda^0\left\{\exp\left(-\frac{\varepsilon_1}{k_BT}\right)\right\}^0+\lambda^1\left\{\exp\left(-\frac{\varepsilon_1}{k_BT}\right)\right\}^1+\lambda^2\exp\left\{\left(-\frac{\varepsilon_1}{k_BT}\right)\right\}^2+\ldots+\lambda^n\left\{\exp\left(-\frac{\varepsilon_1}{k_BT}\right)\right\}^n+\ldots$$

$$=1+\lambda\exp\left(-\frac{\varepsilon_1}{k_BT}\right)+\lambda^2\exp\left(-\frac{2\varepsilon_1}{k_BT}\right)+...+\lambda^n\exp\left(-\frac{n\varepsilon_1}{k_BT}\right)+...$$

これは、初項が 1 で、公比が $\lambda\exp\left(-\dfrac{\varepsilon_1}{k_BT}\right)$ の無限等比級数であるから

$$\frac{1}{1-\lambda\exp\left(-\dfrac{\varepsilon_1}{k_BT}\right)}=\frac{1}{1-\exp\left(\dfrac{\mu}{k_BT}\right)\exp\left(-\dfrac{\varepsilon_1}{k_BT}\right)}=\frac{1}{1-\exp\left(-\dfrac{\varepsilon_1-\mu}{k_BT}\right)}$$

となる。これがエネルギー準位 ε_1 に対応したボーズ粒子の状態和となる。つぎの、エネルギー準位 ε_2 に対応するエネルギー状態の和は

$$\frac{1}{1-\exp\left(-\dfrac{\varepsilon_2-\mu}{k_BT}\right)}$$

となり、以下同様であるから、結局、ボーズ粒子の大分配関数は

$$Z_G=\prod_{i=1}^{\infty}\frac{1}{1-\exp\left(-\dfrac{\varepsilon_i-\mu}{k_BT}\right)}$$

となる。

演習 4-9　上記の大分配関数を利用して、ボーズ粒子系のエネルギー分布を求めよ。

解） $\ln Z_G=-\ln\left\{1-\exp\left(-\dfrac{\varepsilon_1-\mu}{k_BT}\right)\right\}-\cdots-\ln\left\{1-\exp\left(-\dfrac{\varepsilon_n-\mu}{k_BT}\right)\right\}-...$ であるので

$$\frac{\partial}{\partial\mu}(\ln Z_G)=-\frac{\partial}{\partial\mu}\ln\left\{1-\exp\left(-\frac{\varepsilon_1-\mu}{k_BT}\right)\right\}-...-\frac{\partial}{\partial\mu}\ln\left\{1-\exp\left(-\frac{\varepsilon_n-\mu}{k_BT}\right)\right\}-...$$

となる。したがって

$$\frac{\partial}{\partial\mu}(\ln Z_G)=\frac{1}{k_BT}\left\{\frac{\exp\left(-\dfrac{\varepsilon_1-\mu}{k_BT}\right)}{1-\exp\left(-\dfrac{\varepsilon_1-\mu}{k_BT}\right)}+...+\frac{\exp\left(-\dfrac{\varepsilon_n-\mu}{k_BT}\right)}{1-\exp\left(-\dfrac{\varepsilon_n-\mu}{k_BT}\right)}+...\right\}$$

$$=\frac{1}{k_BT}\left\{\frac{1}{\exp\left(\frac{\varepsilon_1-\mu}{k_BT}\right)-1}+\ldots+\frac{1}{\exp\left(\frac{\varepsilon_n-\mu}{k_BT}\right)-1}+\ldots\right\}=\frac{1}{k_BT}\sum_j\frac{1}{\exp\left(\frac{\varepsilon_j-\mu}{k_BT}\right)-1}$$

ここで

$$<N>=k_BT\frac{\partial}{\partial\mu}(\ln Z_G)=\sum_j\frac{1}{\exp\left(\frac{\varepsilon_j-\mu}{k_BT}\right)-1}$$

となる。

この結果から j 準位の粒子数は $n_j=\dfrac{1}{\exp\left(\frac{\varepsilon_j-\mu}{k_BT}\right)-1}$ となる。このような分布を**ボーズ分布** (Bose distribution) と呼んでいる。

4.4. エネルギー分布関数

ここで、少しまとめておこう。ひとつのエネルギー準位に 1 個までの粒子しか入れないフェルミ粒子系の大分配関数は

$$Z_G=\prod_{i=0}^{\infty}\left\{1+\exp\left(-\frac{\varepsilon_i-\mu}{k_BT}\right)\right\}$$

と与えられ、i 準位の粒子数は

$$n_j=\frac{1}{\exp\left(\frac{\varepsilon_j-\mu}{k_BT}\right)+1}$$

と与えられる。これを**フェルミ分布** (Fermi distribution) と呼んでいる。

一方、ひとつのエネルギー準位を占有できる粒子数に制限のないボーズ粒子系の大分配関数は

$$Z_G = \prod_{i=1}^{\infty} \frac{1}{1 - \exp\left(-\dfrac{\varepsilon_i - \mu}{k_B T}\right)}$$

と与えられ、i 準位の粒子数は

$$n_j = \frac{1}{\exp\left(\dfrac{\varepsilon_j - \mu}{k_B T}\right) - 1}$$

となる。これを**ボーズ分布** (Bose distribution) と呼んでいる。

以上の取り扱いは、エネルギー準位が離散的な場合である。しかし、われわれが扱う系のミクロ粒子の数は 10^{23} から 10^{24} 程度と莫大であり、エネルギー準位は連続と考えても問題がない。この場合には、粒子のエネルギー分布が連続と考え、つぎの分布関数を考える。

フェルミ粒子に対しては

$$f(E) = \frac{1}{\exp\left(\dfrac{E - \mu}{k_B T}\right) + 1}$$

とし、**フェルミ分布関数** (Fermi distribution function) と呼ぶ。

ボーズ粒子に対しては

$$f(E) = \frac{1}{\exp\left(\dfrac{E - \mu}{k_B T}\right) - 1}$$

とし、**ボーズ分布関数** (Bose distribution function) と呼ぶ。

さらに、これら分布関数は、温度 T の関数でもあるので、それをあらわに示して

$$f(E,T) = \frac{1}{\exp\left(\dfrac{E - \mu}{k_B T}\right) \pm 1}$$

と表記する場合もある。

第 5 章　2 原子分子気体

単原子分子 (mono-atomic molecules) からなる理想気体の統計力学的解析手法はすでに紹介した。しかし、希ガス (noble gas) 以外の気体分子は複数の原子が結合してできている。

そこで、本章では多原子分子からなる理想気体(粒子間の相互作用のない気体)を取り扱う演習として、もっとも基本的な 2 原子分子 (diatomic molecules)　からなる気体の解析を紹介しよう。この場合も、ボルツマン因子

$$\exp\left(-\frac{E^{diatom}}{k_B T}\right)$$

のエネルギー項 E^{diatom} に入る 2 原子分子に伴うエネルギー成分をすべて積算することがポイントとなる。1 原子分子では、運動エネルギーだけを考えればよかったが、2 原子分子では、何が新たなエネルギー成分となるのであろうか。

5. 1.　運動の自由度

2 原子分子の運動を解析する準備として、運動の**自由度** (degree of freedom) について復習してみよう。

ここでは、2 個の原子 1 および 2 が長さ不変の棒でつながっており、その棒の質量は無視できるものとする。図 5-1 に 2 原子分子の運動の模式図を示す。この運動の自由度を求めてみよう。

まず、複数の質点からなる系の運動を解析するには、その**重心** (the center of gravity) の運動を考えるのが常套手段である。ここで、2 原子分子の重心の**並進運動** (translational motion) は、3 次元空間では、*x, y, z* 方向の 3 個の自由度がある。

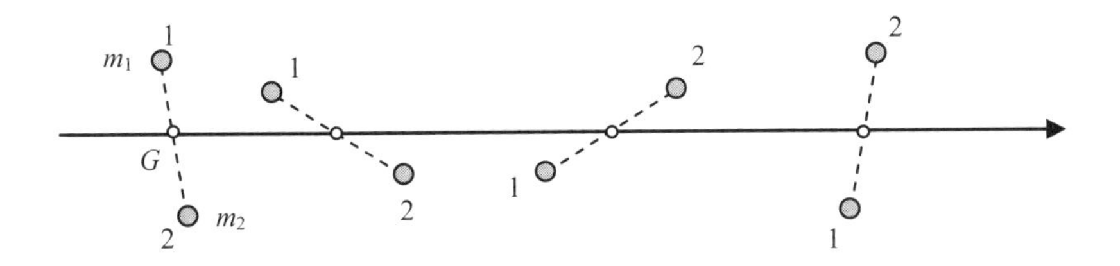

図 5-1　2 原子分子の運動

この運動に相当するエネルギーは単原子分子の場合と全く同様に考えられ

$$E = \frac{{p_x}^2 + {p_y}^2 + {p_z}^2}{2(m_1 + m_2)}$$

となる。ただし、m_1, m_2 は 2 個の原子の質量であり、2 原子分子の質量は、その和となる。

並進運動に加えて、原子が 2 個の場合、図 5-2 のように、重心のまわりを自由に回転できる。よって、2 原子分子では、この**回転運動** (rotational motion) に伴うエネルギーも考える必要がある。それでは、回転の自由度はいくつなのだろうか。ここで、図 5-2 を参照しながら考えてみよう。まず、重心（これを 3 次元空間の原点とする）に対して、2 個の原子の位置を決める方法を考えてみよう。

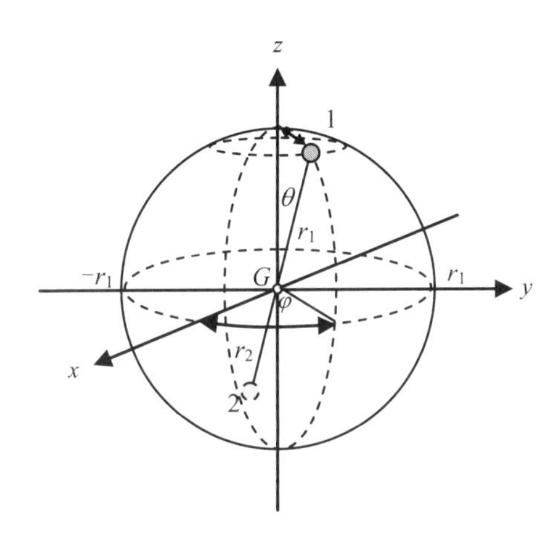

図 5-2　2 個の原子の重心のまわりの回転。ここでは重心を原点にとっている。

まず、原子 1 の重心からの距離は r_1 と一定である。よって、原子 1 は、重心を中心とする半径 r_1 の球面上のどこかに位置することになる。一方、原子 2 の重心からの距離を r_2 とすると、その位置は、原子 1 の位置が決まれば、自動的に決まってしまう。したがって、自由度という観点からは、原子 1 の位置をいかに指定するかを考えればよいことになる。

これは、ちょうど地球の地表の位置を指定する方法とまったく同じである。地球の場合、**緯度** (latitude) と**経度** (longitude) を指定すれば、位置が決まる。例えば、東京の位置は、東経 139° 45'、北緯 35° 41'である。この 2 個の変数でただ一点が決まることになる。

半径が決まった球の場合もまったく同様である。よって、重心のまわりの 2 個の原子の回転にともなう自由度は 2 となる。ただし、極座標においては、緯度のかわりに**天頂角** (zenith angle: θ) を採用する。これは、北極からの角度で、0 から π までで、球面上のすべての範囲をカバーできる。地球の緯度のように、赤道を中心とすると、北緯と南緯の 2 種類が必要になる。

一方、経度については x 軸からの角度を使えば、0 から 2π までで、球面上のすべての範囲をカバーできる。これを**方位角** (azimuth angle: φ) と呼んでいる。したがって、並進運動の自由度 3 に、この回転運動の自由度 2 を加えて、2 原子分子の運動の自由度は 5 となるのである。

ところで、エネルギー等分配の法則[1] (law of equipartition of energy) によると、1 自由度あたりのエネルギーは $(1/2)k_BT$ であったから、2 原子分子の平均エネルギーは $(5/2)k_BT$ となる。1mol あたりでは $U = (5/2)RT$ となるので、定積比熱 C_V は $C_V = (\partial U/\partial T)_V = (5/2)R$ (J/mol) となる。それでは、実際に回転運動にともなうエネルギーを考えてみよう。

5. 2. 回転運動

2 原子分子の回転の自由度は 2 であり、重心のまわりの天頂角に沿った回転と、

---

[1] 系のもつ自由度ごとに、一定のエネルギー $(1/2)k_BT$ が配分されるという法則。もし、一定ではないとすると、ある運動だけが優先して生じることになる。このようなことは、実際に観察されないので、エネルギーは等分配されると考えるのが合理的である。

方位角に沿った回転が考えられる。

まず、2原子の回転として、図5-2の天頂角方向の回転を考える。このとき

$$\omega_\theta = \frac{d\theta}{dt}$$

は、角速度 (angular velocity) と呼ばれるものであり、お互いつながって回転しているのであるから、原子1および2に共通である。これら2原子の回転運動の中心（いまの場合、重心）からの距離を r_1, r_2 とすると、それぞれの回転の速さは

$$v_1 = r_1\omega_\theta = r_1\frac{d\theta}{dt} \qquad v_2 = r_2\omega_\theta = r_2\frac{d\theta}{dt}$$

となる。運動エネルギーは、それぞれ

$$\frac{1}{2}m_1{v_1}^2 = \frac{1}{2}m_1{r_1}^2{\omega_\theta}^2 \qquad \frac{1}{2}m_2{v_2}^2 = \frac{1}{2}m_2{r_2}^2{\omega_\theta}^2$$

となるので、θ 方向の回転に関する運動エネルギーは

$$K_\theta = \frac{1}{2}m_1{v_1}^2 + \frac{1}{2}m_2{v_2}^2 = \frac{1}{2}m_1{r_1}^2{\omega_\theta}^2 + \frac{1}{2}m_2{r_2}^2{\omega_\theta}^2$$

と与えられる。ところで、回転運動では

$$I = m_1{r_1}^2 + m_2{r_2}^2$$

とおいて、**慣性モーメント**[2] (moment of inertia) と呼ぶ。この I を使えば

$$K_\theta = \frac{1}{2}I\,{\omega_\theta}^2$$

となる。それでは、つぎに、方位角 φ に沿った回転を考えよう。これは、図5-2の z 軸のまわりの回転に相当する（図5-3参照）。

[2] 慣性モーメントが与えられると、回転運動の解析が簡単となる。詳細は『なるほど力学』（海鳴社）を参照されたい。

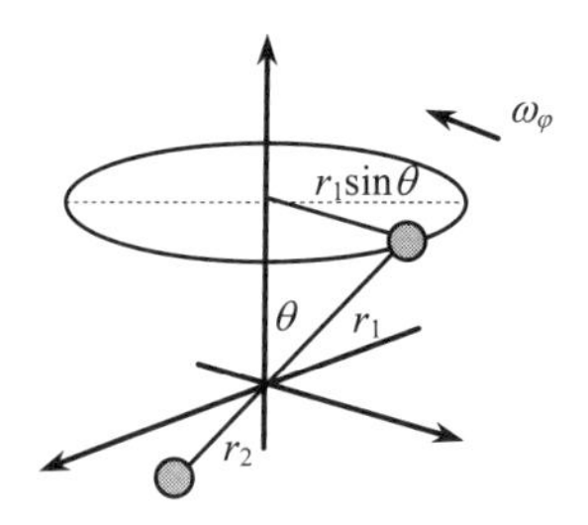

図 5-3 方位角φに沿った回転は、z 軸まわりの回転に相当する。なお、この場合の質点 1 の回転半径は $r_1\sin\theta$となる。

演習 5-1 方位角 φに沿った回転の角速度を $\omega_\varphi = d\varphi / dt$ とするとき、その運動エネルギーを求めよ。

解) 原子 1 および原子 2 の回転半径は、それぞれ $r_1\sin\theta$, $r_2\sin\theta$となる。したがって、φ方向の回転に関する運動エネルギーは

$$K_\varphi = \frac{1}{2}m_1{r_1}^2\sin^2\theta(\omega_\varphi)^2 + \frac{1}{2}m_2{r_2}^2\sin^2\theta(\omega_\varphi)^2$$

$$= \frac{1}{2}(m_1{r_1}^2 + m_2{r_2}^2)\sin^2\theta(\omega_\varphi)^2 = \frac{1}{2}I\sin^2\theta(\omega_\varphi)^2$$

となる。

結局、2 原子分子の回転にともなう運動エネルギーTは

$$T = \frac{1}{2}I{\omega_\theta}^2 + \frac{1}{2}I\sin^2\theta(\omega_\varphi)^2 = \frac{I}{2}\{{\omega_\theta}^2 + \sin^2\theta(\omega_\varphi)^2\}$$

となる。

5. 3. 2 原子分子気体の運動エネルギー

結局､腕の長さが変化しない質量を無視できる棒でつながれた 2 原子からなる分子気体の運動エネルギーは

$$E^{diatom} = \frac{p_x^{\ 2} + p_y^{\ 2} + p_z^{\ 2}}{2(m_1 + m_2)} + \frac{1}{2} I \omega_\theta^{\ 2} + \frac{1}{2} I \sin^2 \theta (\omega_\varphi)^2$$

と与えられることになる。ただし、I は慣性モーメントであり、$I = m_1 r_1^{\ 2} + m_2 r_2^{\ 2}$ と与えられる。

以上をもとに、2 原子分子気体の分配関数を考えていこう。2 原子分子のエネルギー状態は、p_x, p_y, p_z および ω_θ, ω_φ の関数であり、これら変数すべてに関して、$-\infty$ から $+\infty$ まで積分すれば、すべてのエネルギー状態を網羅したことになる。したがって、分配関数は

$$Z = \int_{-\infty}^{+\infty} \int_{-\infty}^{+\infty} \int_{-\infty}^{+\infty} \int_{-\infty}^{+\infty} \int_{-\infty}^{+\infty} \exp\left(-\frac{E^{diatom}}{k_B T} \right) dp_x dp_y dp_z \, d\omega_\theta \, d\omega_\varphi$$

となる。これら 5 重積分は、いままでと同様に分解することができ

$$Z_t = \int_{-\infty}^{+\infty} \int_{-\infty}^{+\infty} \int_{-\infty}^{+\infty} \exp\left(-\frac{p_x^{\ 2} + p_y^{\ 2} + p_z^{\ 2}}{2(m_1 + m_2) k_B T} \right) dp_x \, dp_y \, dp_z$$

という並進運動に対応した分配関数 Z_t と

$$Z_r = \int_{-\infty}^{+\infty} \int_{-\infty}^{+\infty} \exp\left(-I \frac{\omega_\theta^{\ 2} + \sin^2 \theta (\omega_\varphi)^2}{2 k_B T} \right) d\omega_\theta \, d\omega_\varphi$$

という回転運動に対応した分配関数 Z_r に分解できる。このとき

$$Z = Z_t \, Z_r$$

ということも明らかであろう。並進運動の分配関数は、すでに紹介したように

$$Z_t = \int_{-\infty}^{\infty} \int_{-\infty}^{\infty} \int_{-\infty}^{\infty} \exp\left(-\frac{p_x^{\ 2} + p_y^{\ 2} + p_z^{\ 2}}{2(m_1 + m_2) k_B T} \right) dp_x \, dp_y \, dp_z \ = \left(\frac{2\pi m}{\beta} \right)^{\frac{3}{2}}$$

となり、並進運動にともなうエネルギー U_t は

$$U_t = \frac{3}{2\beta} = \frac{3}{2} k_B T$$

となる。

演習 5-2　回転運動に対応した分配関数

$$Z_r = \int_{-\infty}^{\infty} \exp\left(-I\frac{{\omega_\theta}^2}{2k_BT}\right)d\omega_\theta \int_{-\infty}^{\infty} \exp\left(-I\frac{\sin^2\theta\,(\omega_\varphi)^2}{2k_BT}\right)d\omega_\varphi$$

を計算せよ。

解）　分配関数を分解して

$$Z_r = Z_\theta Z_\varphi$$

と置く。すると、それぞれがガウス積分であるから

$$\int_{-\infty}^{\infty} \exp\left(-ax^2\right)dx = \sqrt{\frac{\pi}{a}}$$

という公式を使う。すると

$$Z_\theta = \int_{-\infty}^{\infty} \exp\left(-I\frac{{\omega_\theta}^2}{2k_BT}\right)d\omega_\theta$$

においては　$a = \dfrac{I}{2k_BT}$　から

$$Z_\theta = \sqrt{\frac{2\pi k_BT}{I}}$$

となる。

$$Z_\varphi = \int_{-\infty}^{\infty} \exp\left(-I\frac{\sin^2\theta(\omega_\varphi)^2}{2k_BT}\right)d\omega_\varphi$$

においては　$a = \dfrac{I\sin^2\theta}{2k_BT}$　から

$$Z_\varphi = \sqrt{\frac{2\pi k_BT}{I\sin^2\theta}}$$

となる。

したがって、回転にともなう運動エネルギーに関する分配関数は

$$Z_r = Z_\theta Z_\varphi = \sqrt{\frac{2\pi k_B T}{I}} \sqrt{\frac{2\pi k_B T}{I\sin^2\theta}} = \frac{2\pi k_B T}{I\sin\theta} = \frac{2\pi}{\beta I \sin\theta}$$

となる。

分配関数がえられたので、回転に伴うエネルギーを求めてみよう。それは

$$U_r = -\frac{1}{Z_r}\frac{\partial Z_r}{\partial \beta} = -\frac{\beta I \sin\theta}{2\pi}\left(-\frac{2\pi}{\beta^2 I \sin\theta}\right) = \frac{1}{\beta} = k_B T$$

となる。

2原子分子気体では、自由度が5であるから、その平均エネルギーは$(5/2)k_BT$となるが、重心の平進運動と回転運動を統計力学的に計算した結果と確かに整合性がとれている。

5. 4.　一般化座標

前節の解法は、内部エネルギーに関して整合性のとれた結果を与えている。ただし、いくつか問題がある。まず、回転に関する分配関数には

$$Z_r = \frac{2\pi}{\beta I \sin\theta}$$

のように$\sin\theta$の項が入っている。θは天頂角であり、変数であるから、状態和という観点では、θに関しての積算が必要と考えられる。さらに、その場合φに関する和はとらなくてよいのであろうか。

実は、自由空間を動いている粒子の場合には問題とならないが、ある限られた空間を運動している粒子に関しては、それを分配関数に取り入れる必要がある。

例えば、自由空間を運動している粒子の分配関数は

$$Z = \int_{-\infty}^{\infty}\int_{-\infty}^{\infty}\int_{-\infty}^{\infty} \exp\left(-\frac{{p_x}^2 + {p_y}^2 + {p_z}^2}{2mk_B T}\right) dp_x\, dp_y\, dp_z$$

としたが、1辺がLの立方体中を運動している粒子の場合の分配関数は

$$Z=\int_{-\infty}^{\infty}\int_{-\infty}^{\infty}\int_{-\infty}^{\infty}\exp\left(-\frac{{p_x}^2+{p_y}^2+{p_z}^2}{2mk_BT}\right)dp_x\,dp_y\,dp_z\int_0^L\int_0^L\int_0^L dx\,dy\,dz$$

となる。空間に関する積分は L^3 となり、粒子が運動できる容器の体積を与え、結果として分配関数は

$$Z=L^3\int_{-\infty}^{\infty}\int_{-\infty}^{\infty}\int_{-\infty}^{\infty}\exp\left(-\frac{{p_x}^2+{p_y}^2+{p_z}^2}{2mk_BT}\right)dp_x\,dp_y\,dp_z$$

となる。

2 原子分子においても、x, y, z 空間は運動に制限のない自由空間であるが、θ, φ に関しては、それぞれ $0\leq\theta\leq\pi,\ 0\leq\varphi\leq 2\pi$ という限られた空間となるため、その影響を分配関数に取り入れる必要がある。

そのために、解析力学の手法を援用する。まず、x, y, z に対応した運動量は p_x, p_y, p_z で問題ない。それでは、θ や φ に対応した運動量をどう考えるのであろうか。

5. 4. 1. **位相空間**

回転運動に関する運動量について考える準備として、**位相空間** (phase space) について説明しよう。ここで、単振動（調和振動子）について考えてみる。そのエネルギーは

$$E=\frac{1}{2}mv^2+\frac{1}{2}kx^2$$

と与えられる。解析力学では、運動量 p と位置座標 q を使い

$$E=\frac{p^2}{2m}+\frac{kq^2}{2}$$

とする。このとき、全エネルギー E を H と表記し、ハミルトニアン (Hamiltonian) と呼ぶのが通例である。ここで、この式を変形すると

$$\frac{p^2}{2mE}+\frac{kq^2}{2E}=1 \qquad \text{から} \qquad \left(\frac{p}{\sqrt{2mE}}\right)^2+\left(\frac{q}{\sqrt{2E/k}}\right)^2=1$$

となり、図 5-4 に示すように、p - q 平面における楕円 (ellipse)となり、それぞれ

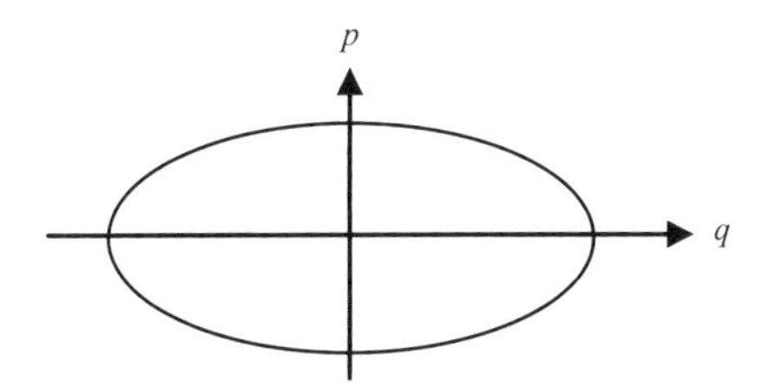

図 5-4　単振動の位相空間（p-q 平面）

の軸の長さは　$p=\sqrt{2mE}$，$q=\sqrt{\dfrac{2E}{k}}$　となる。

このように、単振動は、p-q 平面では楕円軌道(elliptic orbit)を描くことになる。そして、単振動を続ける限り、永遠に、この軌道上を動き続ける。

このような平面を位相空間と呼んでいる。空間と呼ぶのは、実際の運動は 3 次元空間で生じ、少なくとも 3 組の(p, q)が必要となり、6 次元となるからである。一般には自由度 f の系では、その位相空間は $2f$ 次元となる。

これら多次元空間 (multi-dimensional space)を描くことは、残念ながらできない。ただし、わかりやすく、かつ、有用なものは、2 次元の p - q 平面である。多次元系への適用が必要であれば、この平面を複数個描けばよいのである。

例えば、図 5-4 は x 軸（q 軸）に沿った単振動の位相平面であるが、これを 3 次元の運動に拡張したいのであれば、y 軸、z 軸に沿った位相平面も描けばよいことになる。

解析力学では、位相平面である p-q 平面に描かれた軌道のことを**トラジェクトリー** (trajectory)と呼んでいる。トラジェクトリーとは、もともとは弾道や飛行物体の航路のことを指し、flight path と同義である。惑星の軌道も trajectory と呼ばれる。ここで、図 5-4 の楕円の面積を計算してみよう。すると

$$S=\pi\,pq=\pi\sqrt{2mE}\sqrt{\frac{2E}{k}}=2\pi\sqrt{\frac{m}{k}}E$$

となる。右辺の E 以外の変数は m も k も定数であるから、位相空間におけるトラジェクトリーが囲む面積は、その系のエネルギーに比例することになる。

演習 5-3　長さが L の 1 次元空間を等速度で往復運動するミクロ粒子のトラジェクトリーを描け。

解）　長さ L の中心に原点をとると、$-L/2 \le x \le L/2$ であり、運動量としては x 軸の正方向の p_x と、逆方向の $-p_x$ となるので、位相空間としての p-x 平面におけるトラジェクトリーは図 5-5 のようになる。

右方向に運動量 p_x で進んでいる粒子は、右境界の $x = L/2$ で反転し、左方向に運動量 $-p_x$ で進行し、左境界の $x = -L/2$ で再び反転し、永久に、この運動を繰り返すことになる。

3 次元に拡張して、1 辺の長さが L の立方体容器に閉じ込められたミクロ粒子の運動が、同様となることも想像できよう。

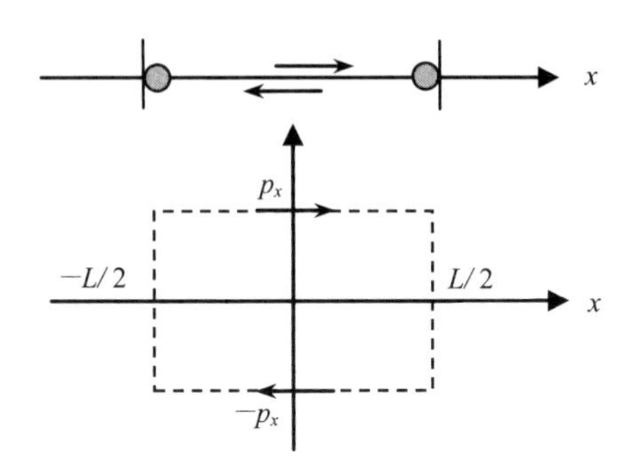

図 5-5　1 次元のミクロ粒子が等速で往復運動する場合のトラジェクトリー

5.4.2.　共役運動量

解析力学では、座標 q に相当するものとして、直交座標の x, y, z や極座標の r, θ, φ などが挙げられる。そして、それぞれに対応して、例えば、座標 x には運動量 p_x が、座標 θ には運動量 p_θ が**共役運動量** (conjugate momentum) と定義できる。この場合、x, θ は座標と呼ばれ、共役運動量とは、これら座標と対になる運動量という意味である。

解析力学の利点は、どのような座標系を選ぼうが、運動を規定する方程式のかたちが変わらないことである[3]。よって、座標と共役運動量の関係も、形式的に同じかたちを引き継ぐことができる。

ここで、運動エネルギーを T、位置エネルギーを V としたとき、ラグランジアン (Lagrangian) L は $L = T - V$ と定義されるが、共役運動量は、それぞれ同じ形式である

$$p_x = \frac{\partial L}{\partial x'} \qquad p_\theta = \frac{\partial L}{\partial \theta'} \qquad p_\varphi = \frac{\partial T}{\partial \varphi'}$$

によって与えられる。ただし

$$x' = \frac{dx}{dt} \qquad \theta' = \frac{d\theta}{dt} \qquad \varphi' = \frac{d\varphi}{dt}$$

である。この方式を援用すれば、分配関数を導出する際に、回転エネルギーに関する運動量 p_θ および p_φ を導出できる。ただし、いまの場合、位置エネルギー V は運動量の関数でないので、L のかわりに運動エネルギー T を使って

$$p_x = \frac{\partial T}{\partial x'} \qquad p_\theta = \frac{\partial T}{\partial \theta'} \qquad p_\varphi = \frac{\partial T}{\partial \varphi'}$$

のように導出すればよい。つまり、統計力学において、分配関数を求める場合には、θ や φ に対応した運動量としては、その共役運動量である p_θ および p_φ を使えばよいことになる。

演習 5-4　2 原子分子気体の運動エネルギー T は

$$T = \frac{{p_x}^2 + {p_y}^2 + {p_z}^2}{2(m_1 + m_2)} + \frac{1}{2} I {\omega_\theta}^2 + \frac{1}{2} I \sin^2\theta (\omega_\varphi)^2$$

と与えられる。このとき、p_θ と p_φ を求めよ。

解）　$\theta' = \dfrac{d\theta}{dt} = \omega_\theta$ であるから

[3] 解析力学を使わずに、ニュートン力学で座標変換して問題解法を行う際、式のかたちが大きく変わってしまい、計算がとても複雑になる場合がある。解析力学において、なぜ式のかたちが変わらないかについては、拙著『なるほど解析力学』（海鳴社）を参照いただきたい。

$$p_\theta = \frac{\partial T}{\partial \theta'} = \frac{\partial T}{\partial \omega_\theta} = I\omega_\theta$$

つぎに、$\varphi' = \dfrac{d\varphi}{dt} = \omega_\varphi$ であるから

$$p_\varphi = \frac{\partial T}{\partial \varphi'} = \frac{\partial T}{\partial \omega_\varphi} = I\sin^2\theta(\omega_\varphi)$$

となる。

ここで

$$\omega_\theta = \frac{p_\theta}{I} \qquad \omega_\varphi = \frac{p_\varphi}{I\sin^2\theta}$$

と与えられる。これら ω_θ および ω_φ を、先ほどの T に代入すると

$$T = \frac{{p_x}^2 + {p_y}^2 + {p_z}^2}{2(m_1 + m_2)} + \frac{{p_\theta}^2}{2I} + \frac{{p_\varphi}^2}{2I\sin^2\theta}$$

となる。

ここで、ようやく解析力学の手法に沿った整合性のとれた共役運動量を基本とする運動エネルギーの表式ができたことになる。

これからは、回転のエネルギーだけに注目していこう。すると、分配関数は

$$Z_r = \int_0^{2\pi} d\varphi \int_0^{\pi} d\theta \int_{-\infty}^{+\infty}\int_{-\infty}^{+\infty} \exp\left(-\frac{{p_\theta}^2}{2Ik_BT}\right)\exp\left(-\frac{{p_\varphi}^2}{2I\sin^2\theta k_BT}\right)dp_\theta\, dp_\varphi$$

となる。

演習 5-5 回転エネルギーに対応した分配関数 Z_r を、天頂角 θ と、方位角 φ に対応した共役運動量を用いて計算せよ。

解）

$$Z_r = \int_0^{2\pi} d\varphi \int_0^{\pi} d\theta \int_{-\infty}^{+\infty}\int_{-\infty}^{+\infty} \exp\left(-\frac{{p_\theta}^2}{2I\,k_BT}\right)\exp\left(-\frac{{p_\varphi}^2}{2I\sin^2\theta k_BT}\right)dp_\theta\, dp_\varphi$$

$$= \int_0^{2\pi} d\varphi \int_0^{\pi} d\theta \int_{-\infty}^{+\infty} \exp\left(-\frac{{p_\theta}^2}{2Ik_BT}\right) dp_\theta \int_{-\infty}^{+\infty} \exp\left(-\frac{{p_\varphi}^2}{2I\sin^2\theta k_BT}\right) dp_\varphi$$

$$= \int_0^{2\pi} d\varphi \int_0^{\pi} d\theta \sqrt{2\pi I\, k_BT} \sqrt{2\pi I \sin^2\theta k_BT} = 2\pi I\, k_BT \int_0^{2\pi} d\varphi \int_0^{\pi} \sin\theta\, d\theta$$

$$= 4\pi^2 I\, k_BT \left[-\cos\theta\right]_0^{\pi} = 8\pi^2 I\, k_BT$$

となる。

これより、回転運動に対応した内部エネルギーは

$$Z_r = 8\pi^2 I\, k_BT = \frac{8\pi^2 I}{\beta}$$

から

$$U_r = -\frac{1}{Z_r}\frac{\partial Z_r}{\partial \beta} = -\frac{\beta}{8\pi^2 I}\left(-\frac{8\pi^2 I}{\beta^2}\right) = \frac{1}{\beta} = k_BT$$

と計算できる。回転運動の自由度は 2 であるから、エネルギー等分配の法則にしたがえば

$$(1/2)k_BT \times 2 = k_BT$$

となるので、整合性がとれている。

5. 5.　振動

いままでは、2 原子分子間の距離が不変という仮定で、エネルギーを計算してきた。実際に、多くの 2 原子分子気体の定積比熱は、(5/2)R と与えられるので、重心の並進運動と、回転運動だけで十分と考えられる。

ただし、2 原子間の結合が弱い場合には、いわば弱いバネでつながれたような状態にあり、その軸方向に振動することも考えられる。よって、2 原子分子については、振動の影響を考える必要がある場合もある。

2 原子分子の振動に関しては、基本的には、補遺 3 に示した量子力学的調和振動子 (quantum harmonics) と同様の扱いが可能となると考えられる。このとき、

調和振動子のエネルギーは

$$E_n = \left(n + \frac{1}{2}\right)\hbar\omega \qquad (n = 0, 1, 2, ...)$$

と与えられる。ただし、2 個の原子の質量を m_1, m_2 としたとき

$$\mu = \frac{m_1 m_2}{m_1 + m_2}$$

という式によって与えられるμを**換算質量** (reduce mass) とし、k を 2 原子間のバネ定数とすると、固有角振動数 (eigen angular frequency) は

$$\omega = \sqrt{\frac{k}{\mu}}$$

と与えられる。

ここで、換算質量とは、相対運動を考える際に導入される質量である。例えば、$m_1 >> m_2$ の場合

$$\mu = \frac{m_1 m_2}{m_1 + m_2} \cong \frac{m_1 m_2}{m_1} = m_2$$

となり、質量差が大きい場合には、換算質量は、ほぼ m_2 となり、軽いほうの原子が実質的に振動することになる。これは、定性的にも理解できよう。

また、同じ原子の場合には、換算質量は

$$\mu = \frac{m^2}{m + m} = \frac{m}{2}$$

となる。

2 原子分子振動の固有エネルギーを具体的に書き出せば、量子数 $n = 0, 1, 2, 3, 4...$に対応して

$$E_0 = \frac{1}{2}\hbar\omega,\ E_1 = \frac{3}{2}\hbar\omega,\ E_2 = \frac{5}{2}\hbar\omega,\ E_3 = \frac{7}{2}\hbar\omega,\ E_4 = \frac{9}{2}\hbar\omega, \ldots$$

となる。よって、この系の分配関数 Z は

$$Z = \exp\left(-\frac{E_0}{k_B T}\right) + \exp\left(-\frac{E_1}{k_B T}\right) + ... + \exp\left(-\frac{E_n}{k_B T}\right) + ...$$

$$= \exp\left(-\frac{(1/2)\hbar\omega}{k_B T}\right) + \exp\left(-\frac{(3/2)\hbar\omega}{k_B T}\right) + ... + \exp\left(-\frac{(n+1/2)\hbar\omega}{k_B T}\right) + ...$$

と与えられる。

この和は初項が$\exp\left(-\frac{(1/2)\hbar\omega}{k_BT}\right)$で、公比が$\exp\left(-\frac{\hbar\omega}{k_BT}\right)$の無限級数であるから

$$Z=\frac{\exp\left(-\frac{(1/2)\hbar\omega}{k_BT}\right)}{1-\exp\left(-\frac{\hbar\omega}{k_BT}\right)}$$

となる。分配関数をβの関数とすると

$$Z(\beta)==\frac{\exp\left(-(1/2)\beta\hbar\omega\right)}{1-\exp(-\beta\hbar\omega)}$$

となる。そして、1振動子あたりの平均エネルギーは

$$<E>=-\frac{\partial}{\partial\beta}(\ln Z)$$

と与えられる。ここで

$$\ln Z=-\frac{1}{2}\beta\hbar\omega-\ln\{1-\exp(-\beta\hbar\omega)\}$$

であるから

$$<E>=-\frac{\partial}{\partial\beta}(\ln Z)\ =\frac{1}{2}\hbar\omega+\frac{\hbar\omega\exp(-\beta\hbar\omega)}{1-\exp(-\beta\hbar\omega)}\ =\frac{1}{2}\hbar\omega+\frac{\hbar\omega}{\exp(\beta\hbar\omega)-1}$$

$$=\frac{1}{2}\hbar\omega+\frac{\hbar\omega}{\exp\left(\frac{\hbar\omega}{k_BT}\right)-1}$$

となる。

系の1molあたりの内部エネルギーUは、N_Aをアボガドロ数として

$$U=N_A<E>$$

となるから、1molあたりの比熱は

$$C=\frac{dU}{dT}=\left(\frac{\hbar\omega}{k_BT}\right)^2\frac{\exp\left(\frac{\hbar\omega}{k_BT}\right)}{\left\{\exp\left(\frac{\hbar\omega}{k_BT}\right)-1\right\}^2}N_Ak_B=\left(\frac{\hbar\omega}{k_BT}\right)^2\frac{\exp\left(\frac{\hbar\omega}{k_BT}\right)}{\left\{\exp\left(\frac{\hbar\omega}{k_BT}\right)-1\right\}^2}R$$

と与えられる。ただし、Rは気体定数である。

第6章　光のエネルギー

6. 1.　熱放射

この章では、光のエネルギーの**分配関数** (partition function) について考えてみる。ある温度の物体からは、その温度に対応した光が放射される。この光が熱エネルギーを伴うので、**熱放射** (thermal radiation) と呼んでいる。電気ストーブや電気こたつは、熱放射のよい例であろう。もともと、地球の恵みである太陽光は熱放射の代表である。

実際には、光は**電磁波** (electromagnetic wave) の一種であり、低温では目に見えない**赤外光** (infrared light) が放射される。人間にとっては暗闇であっても、赤外線カメラを使えば、ものが見えるのはこのためである。

また、温度によって物体の光り方が違うことから、昔の熟練工たちは、鉄を加工する際には、光で温度を判定していた。例えば、熱した鋼は低温では赤い光を発するが、高温になると白光となる。刀鍛冶は、この光によって鋼を鍛錬し、強靭な日本刀をつくっていたのである。

それでは、基本のボルツマン因子

$$\exp\left(-\frac{E}{k_B T}\right)$$

のエネルギーEに入る項を考えてみる。実は、光のエネルギーEは、その振動数νに比例し

$$E = h\nu$$

という関係にある。ここで、hは**プランク定数** (Planck's constant) と呼ばれる。振動数νは連続であるから、分配関数は積分型となり

$$Z=\int_0^{\infty}\exp\left(-\frac{E}{k_BT}\right)dE$$

と与えられる。ここで、$E=h\nu$ であり、光のエネルギーはνのみの関数であるので、分配関数 Z は、νに関して 0 から∞の範囲で積分すればよい。よって

$$Z=\int_0^{\infty}\exp\left(-\frac{E}{k_BT}\right)dE=\int_0^{\infty}\exp\left(-\frac{h\nu}{k_BT}\right)d\nu=\left[-\frac{k_BT}{h}\exp\left(-\frac{h\nu}{k_BT}\right)\right]_0^{\infty}=\frac{k_BT}{h}=\frac{1}{h\beta}$$

となる。ここで、光波 1 個あたりの平均エネルギーu は

$$u=-\frac{1}{Z}\frac{\partial Z}{\partial\beta}=-h\beta\left(-\frac{1}{h\beta^2}\right)=\frac{1}{\beta}=k_BT$$

と与えられる。

この結果は、等分配の法則によっても理解できる。それは、1 自由度あたりのエネルギーは、温度の関数として$(1/2)k_BT$ によって与えられるというものであった。実は、振動数νの光波には、図 6-1 に示すように、位相がπだけ異なる 2 種類の平面波（上下が反転した波）がある。つまり自由度は 2 となり、その平均エネルギーは$(1/2)k_BT\ \times 2=k_BT$ となるのである。

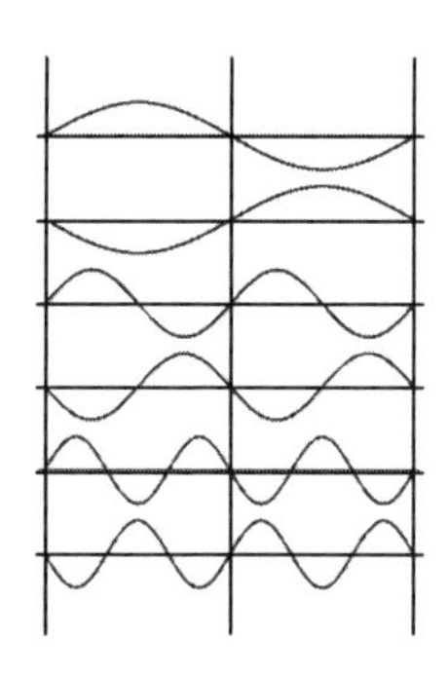

図 6-1 同じ振動数νを有する光波は 2 種類あり、つまり振動数νの光波の自由度は 2 となる。

この結果から、ある容器に閉じ込められた光のエネルギーは、温度に比例して上昇することがわかる。したがって、容器内に存在する光波の数 N がわかれば、

光の全エネルギーU^{total}は

$$U^{total} = N\,k_B T$$

と与えられることがわかる。

問題は、ある温度における光波の数 N をどうやって求めるかである。ここでは、光の振動数νを基本に考えているので、光波の数（つまり光の強度）が振動数にどのように依存するかを知る必要がある。

すでに、紹介したように、系のエネルギー状態密度 (density of states) が $D(E)$ の場合、すなわちエネルギーが E から $E+dE$ の範囲にある状態数が $D(E)dE$ と与えられるとき、系の分配関数は

$$Z = \int_0^\infty \exp\left(-\frac{E}{k_B T}\right) dE \qquad \rightarrow \qquad Z = \int_0^\infty \exp\left(-\frac{E}{k_B T}\right) D(E)dE$$

と与えられる。

これを振動数νで示すと

$$Z = \int_0^\infty \exp\left(-\frac{h\nu}{k_B T}\right) \rho(\nu)d\nu$$

となる。ここで$\rho(\nu)$は、光の強度（光波の数）の振動数依存性であり、振動数νと$\nu+d\nu$の範囲に、光波の数が$\rho(\nu)d\nu$あることに対応する。よって、$\rho(\nu)d\nu$を求める必要がある。

6. 2.　光強度の振動数依存性

ある容器内に存在する光強度の振動数依存性 $\rho(\nu)d\nu$を具体的に求めていこう。ここで、光波の数の求め方の基本的考え方を整理してみる。

平衡状態では、総エネルギーは一定となり、温度も変化しない。よって、存在する光は、定常状態、つまり**定常波** (stationary wave) となっているものと考えられる。もし、そうでなければ、エネルギーが時間とともに変化するので、平衡状態という仮定に反してしまうからである。

そこで、1 辺の長さが L からなる立方体の中で存在できる定常波の数を考えてみよう。

6. 2. 1.　1 次元の定常波

まず、1 次元の振動を考えてみる。弦の長さを L とし、両端が固定されているものとする。ここで、定常波では、図 6-2 に示すように、L が半波長の整数倍である必要がある。よって、定常波の**波長** (wave length) をλとすると

$$L = \frac{n\lambda}{2} \qquad (n = 1, 2, 3, ...)$$

という関係がえられる。

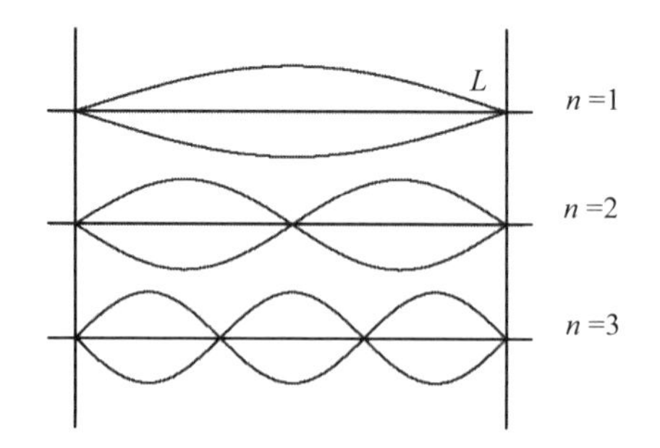

図 6-2　長さが L の弦で生じる定常波

ここで、この関係を**振動数** (frequency): ν を使って書き換えてみよう。光波の伝わる速さを c と置くと、振動数νと波長λは $c = \lambda\nu$ という関係にあるので

$$L = \frac{n\lambda}{2} = \frac{nc}{2\nu}$$

となる。よって

$$\nu_n = \frac{nc}{2L} \quad (n = 1, 2, 3, ...)$$

が、両端が固定された長さが L の弦に許される振動数である。これら定常波の振動数を**固有振動数** (eigen-frequency) と呼んでいる。

6. 2. 2.　2 次元の定常波

それでは、2 次元の定常波について考えてみよう。図 6-3 のように 1 辺の長さ L の正方形の膜が、その周囲を固定されている場合の振動を考える。

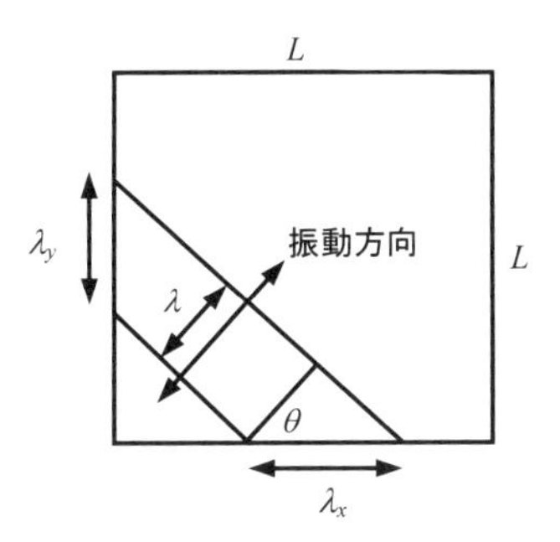

図 6-3　1 辺が L の正方形の膜における定常的な平面波

この図では、線と線の間を**平面波** (plane wave) の一波長としている。ここで、波の進行方向が x 軸となす角を θ とする。平面波の波長を λ とすると、この平面波を x 方向および y 方向から見たときの波長は、それぞれ

$$\lambda_x = \frac{\lambda}{\cos\theta} \qquad \lambda_y = \frac{\lambda}{\sin\theta}$$

となる。

この平面波が定常波となるためには、この x 方向及び y 方向の波長成分が、先ほど弦の振動で求めた定常状態の条件を満足する必要がある。

よって

$$\lambda_x = \frac{2L}{n_x} \quad (n_x = 1,2,3,...) \qquad \lambda_y = \frac{2L}{n_y} \quad (n_y = 1,2,3,...)$$

となるので

$$\cos\theta = \frac{n_x \lambda}{2L} \qquad \sin\theta = \frac{n_y \lambda}{2L}$$

となる。ここで、$\cos^2\theta + \sin^2\theta = 1$ の関係にあるから

$$\left(\frac{n_x \lambda}{2L}\right)^2 + \left(\frac{n_y \lambda}{2L}\right)^2 = 1 \qquad \text{から} \qquad \left(\frac{\lambda}{2L}\right)^2 (n_x{}^2 + n_y{}^2) = 1$$

となる。したがって、定常波の波長は

$$\lambda = \frac{2L}{\sqrt{n_x{}^2 + n_y{}^2}}$$

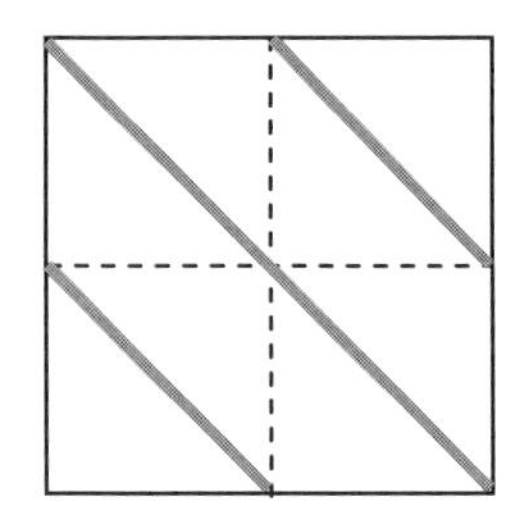

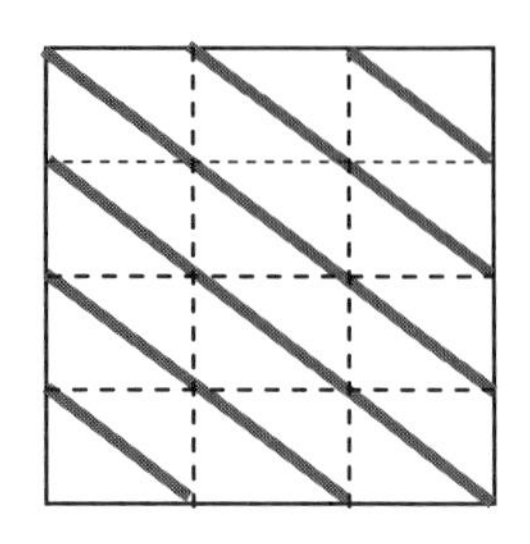

図 6-4　正方形の形状をした膜の振動において許される定常波の例。$(n_x, n_y) = (4, 4)$ と $(n_x, n_y) = (6, 8)$の例を示している。ここでは線と線の間隔は半波長に対応している。

と与えられる。

これは、図 6-4 のように、正方形の各辺を整数で割った点を結んだ波となる。

6. 2. 3.　立方体容器における定常波

以上の結果を踏まえて、1 辺の長さが L の立方体で許される定常波の波長を求めてみよう。とはいっても、3 次元の場合、2 次元の波のように、簡単に図示することができない。2 次元の場合には xy 軸を振動面として、z 方向を振動面と考えることができたが、3 次元の場合にはこの方法がうまくいかない。

ただし、数学的な取り扱いは 2 次元の場合を拡張すればよい。つまり、図 6-5 に示したように、立方体の中の面間距離が定常波の波長とみなすことができる。

ここで、n_x，n_y，n_z を整数として

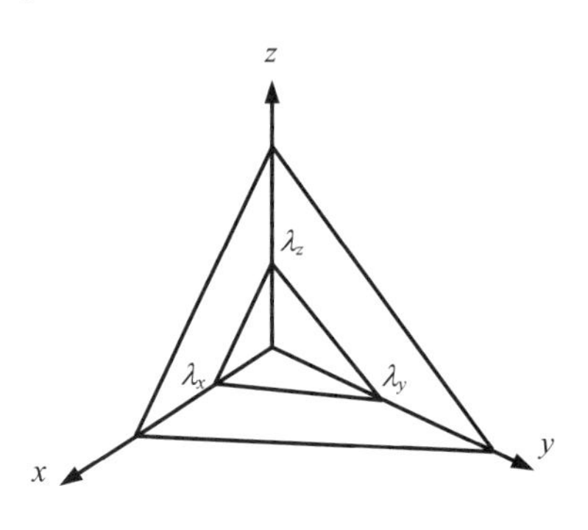

図 6-5　立方体の場合の定常波の波長は図の面間距離に相当する。

$$\lambda_x = \frac{2L}{n_x} \qquad \lambda_y = \frac{2L}{n_y} \qquad \lambda_z = \frac{2L}{n_z}$$

という関係にあり、定常波の波長（面間距離: λ）とすると、方向余弦に成立する関係

$$\left(\frac{\lambda}{\lambda_x}\right)^2 + \left(\frac{\lambda}{\lambda_y}\right)^2 + \left(\frac{\lambda}{\lambda_z}\right)^2 = 1$$

が成立するので、定常波の波長は

$$\lambda = \frac{2L}{\sqrt{{n_x}^2 + {n_y}^2 + {n_z}^2}}$$

となり、振動数は

$$\nu = \frac{c}{\lambda} = \frac{c}{2L}\sqrt{{n_x}^2 + {n_y}^2 + {n_z}^2}$$

となる。これが3次元の場合の固有振動数である。

よって、当然のことながら、各辺の分割数: n_x, n_y, n_z が増えるほど周波数は大きくなる。実は(n_x, n_y, n_z)を、xyz空間の座標と考えると、それは、この座標系において、図6-6に示すような3変数とも整数となる点に相当する。

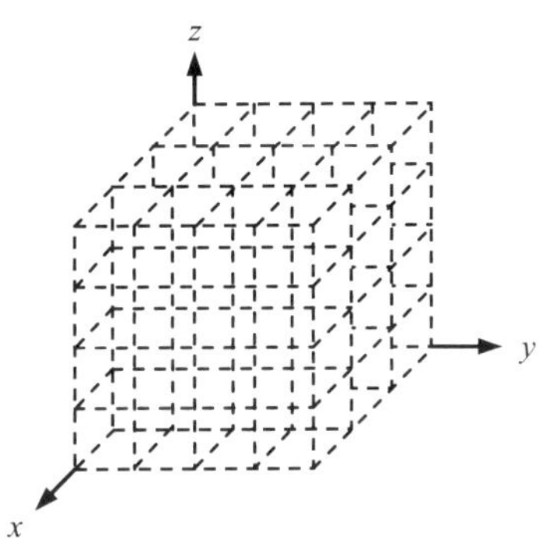

図6-6　座標の整数の点が定常波の固有振動数を与える。

それでは、つぎに定常波の密度を与える式を導出してみよう。まず、定常波の

ひとつは上の図の格子点に対応する。そこで

$$\nu < \frac{c}{2L}\sqrt{{n_x}^2 + {n_y}^2 + {n_z}^2} < \nu + \Delta\nu$$

に入る確率を求めてみよう。ここで $r = \dfrac{2L\nu}{c}$ と置くと

$$r < \sqrt{{n_x}^2 + {n_y}^2 + {n_z}^2} < r + \Delta r$$

となり、r は、先ほどの 3 次元直交座標における原点からの距離ということになる。ここで、振動数が大きい領域 $(r >> 1)$ では、半径が r および $r + \Delta r$ に囲まれた $x > 0$, $y > 0$, $z > 0$ の領域に入る格子点の数は、その体積にほぼ等しい。これは、図 6-6 の座標の整数点が格子点に対応するが、1 格子あたりの体積が 1 となるからである。この体積は

$$\frac{1}{8}\left(\frac{4}{3}\pi(r + \Delta r)^3 - \frac{4}{3}\pi r^3\right)$$

となるが、Δr の 2 乗以上の項を無視すると

$$\frac{\pi}{2}r^2\Delta r$$

となる。これだけの数の定常波が、半径が r および $r + \Delta r$ に囲まれた領域に存在するということになる。これを振動数が ν から $\nu + \Delta\nu$ までの間に存在する定常波の数に変換すると

$$r = \frac{2L\nu}{c} \quad \text{より} \quad \Delta r = \frac{2L\Delta\nu}{c}$$

であるから

$$\frac{\pi}{2}r^2\Delta r = \frac{\pi}{2}\left(\frac{2L\nu}{c}\right)^2\frac{2L\Delta\nu}{c} = \frac{4\pi L^3}{c^3}\nu^2\Delta\nu$$

となる。

ここで、いま考えている立方体の体積は L^3 であるから、この範囲にある定常波の密度は $\dfrac{4\pi}{c^3}\nu^2$ と与えられる。ただし、ひとつの定常波には正負の固有振動があるので、その密度は、これを 2 倍して

$$\rho(\nu) = \frac{8\pi}{c^3}\nu^2$$

となる。少々苦労したが、$\rho(\nu)\,d\nu$を求めることができた。そして、振動数がνと$\nu+d\nu$という範囲に存在する光の定常波の数が

$$\rho(\nu)d\nu = \frac{8\pi}{c^3}\nu^2 d\nu$$

と与えられる。ところで、光波1個あたりの平均エネルギーはk_BTであったので、νと$\nu+d\nu$という範囲に存在する光のエネルギー$E(\nu)d\nu$は

$$E(\nu)d\nu = \rho(\nu)k_BTd\nu = \frac{8\pi}{c^3}\nu^2 k_BTd\nu$$

と与えられることになる。

この関係式を**レーリー・ジーンズの法則** (Rayleigh Jeans law) と呼んでいる。この法則によれば、光のエネルギーは振動数の増加とともに、その2乗に比例して増大する。よって、その総和は発散することになる。これは、明らかにおかしい。

ただし、低振動数側の光のエネルギー分布は、この式とよい一致を示すことがわかったのである。統計力学を学んだ読者にとっては、すぐにわかることであるが、この式では、エネルギーが高くなると、その状態の存在確率が指数関数的に低下するというボルツマン因子の影響が考慮されていない。よって、単純に和をとれば発散してしまうのである。

6. 3.　容器内の光エネルギーの分配関数

レーリー・ジーンズの法則でみられる発散の問題は、統計力学のルールに則って、ボルツマン因子 $\exp(-E/k_BT) = \exp(-h\nu/k_BT)$ の項を導入すれば、すぐに修正できる。

このときの、光の定常波のエネルギーに関する分配関数は

$$Z = \int_0^{\infty} \exp\left(-\frac{h\nu}{k_BT}\right)\frac{8\pi\nu^2}{c^3}d\nu$$

となる。

演習 6-1　ある容器に閉じ込められた光エネルギーの分配関数を計算せよ。

解）　逆温度$\beta = 1/k_B T$を使うと、分配関数は

$$Z = \frac{8\pi}{c^3}\int_0^\infty \nu^2 \exp(-\beta h\nu)d\nu$$

となる。$t = \beta h\nu$ と変数変換すると

$$d\nu = \frac{1}{\beta h}dt \quad \text{および} \quad \nu^2 = \frac{t^2}{\beta^2 h^2}$$

となり、積分範囲は変わらないから

$$Z = \frac{8\pi}{\beta^3 h^3 c^3}\int_0^\infty t^2 \exp(-t)dt$$

となる。

この積分は、ガンマ関数であり、補遺 5 から

$$\int_0^\infty t^2 \exp(-t)dt = \Gamma(3) = 2$$

となり、分配関数は

$$Z = \frac{16\pi}{\beta^3 h^3 c^3} = \frac{16\pi}{h^3 c^3}{k_B}^3 T^3$$

と与えられる。

ここで、定常波 1 個あたりの平均エネルギーを求めてみよう。それは

$$u = -\frac{1}{Z}\frac{\partial Z}{\partial \beta} = -\frac{\partial(\ln Z)}{\partial \beta}$$

と与えられる。

$$Z = \frac{16\pi}{\beta^3 h^3 c^3} \quad \text{から} \quad \ln Z = \ln\left(\frac{16\pi}{h^3 c^3}\right) - 3\ln\beta$$

となるので

$$u = 3k_B T$$

となる。

これは、振動数νの光の定常波には、自由度が6あることに対応している。つまり、x, y, z 方向である3方向の振動と、それぞれのνに、位相がπだけ異なる2種類の定常波（波の上下が反転した波）が存在するためである。

ここで､統計力学のルールにしたがって修正した分配関数の被積分項をみると

$$\exp\left(-\frac{h\nu}{k_B T}\right)\frac{8\pi\nu^2}{c^3}\,d\nu$$

となっている。これは、νと$\nu+d\nu$の範囲に存在する光のエネルギーの状態数に相当する。よって、νと$\nu+d\nu$の範囲に存在する光のエネルギー$E(\nu)d\nu$は

$$E(\nu)d\nu = h\nu\exp\left(-\frac{h\nu}{k_B T}\right)\frac{8\pi\nu^2}{c^3}\,d\nu$$

と与えられることを示している。

この関係式を**ウィーンの変位則** (Wien's displacement law) と呼んでいる。この法則は、もともと、光の強度の振動数依存性において、強度のピークを迎える振動数が温度に比例して大きくなるという実験結果（図6-7）を説明するために導入された実験式である。

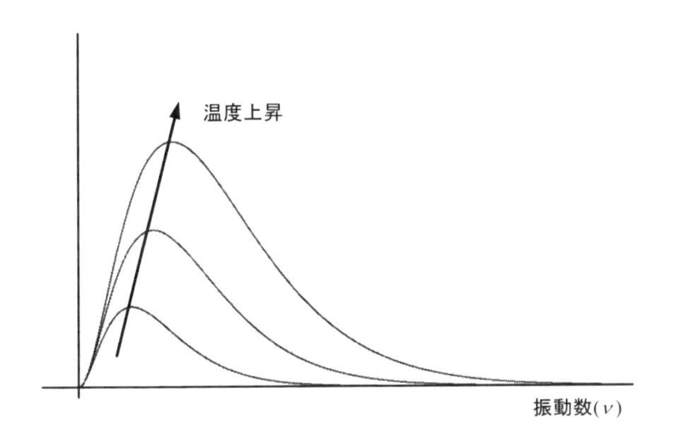

図6-7　容器内に閉じ込められた光の振動数とエネルギー強度の関係

ウィーンの変位則は実験式であるが､統計力学におけるカノニカル分布の考え方、つまりボルツマン因子を導入すれば、光のエネルギーの振動数依存性を、理論的に導出することができるのである。しかし、新たな問題が生じたのである。

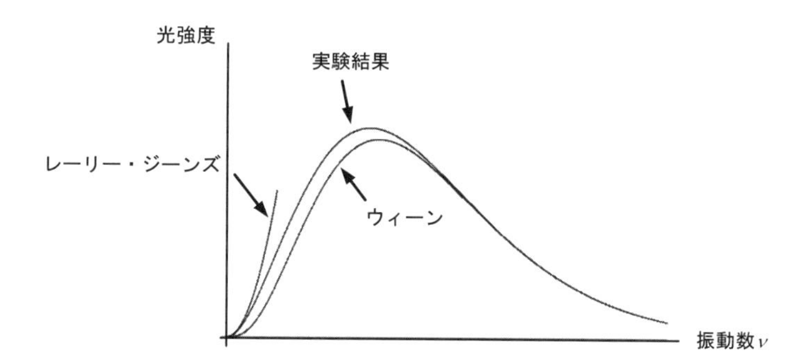

図 6-8　光のエネルギースペクトルの測定結果とレーリー・ジーンズの法則およびウィーンの変位則によるフィッティング。

図 6-8 に示すように、ウィーンの変位則は、光の強度分布をかなりよく再現できる。これは、統計力学的考え方でも説明できるものであった。ただし、図に示すように、振動数が低い領域では、むしろレーリー・ジーンズの法則の方が実験結果をうまく説明できるのである。

ウィーンの変位則による分布式は、統計力学という理論的背景もしっかりしている。何が違うのであろうか。ここで、**プランク** (Planck)がこの実験結果を説明できる実験式を提案するのである。

6. 4.　プランクの輻射式

プランクは、容器内に閉じ込められた光のエネルギースペクトルを振動数領域全体にわたってうまく説明できる分布式を見つけた。それは、νと$\nu+d\nu$の範囲に存在する光のエネルギー$E(\nu)d\nu$は

$$E(\nu)d\nu = \frac{8\pi\nu^2}{c^3}\frac{h\nu}{\exp\left(\dfrac{h\nu}{k_B T}\right)-1}d\nu$$

という式によって与えられるというものである。この表式は、図 6-8 の実験結果をみごとに再現するものであり、**プランクの輻射式** (Planck radiation formula) と呼ばれている。これは、先ほど求めた光エネルギーの分布式

$$E(\nu)d\nu = \frac{8\pi\nu^2}{c^3} h\nu \exp\left(-\frac{h\nu}{k_B T}\right) d\nu = \frac{8\pi\nu^2}{c^3} \frac{h\nu}{\exp\left(\frac{h\nu}{k_B T}\right)} d\nu$$

において分母の $\exp(h\nu/k_B T)$ を、それから1を引いた値に修正しただけのものである。つまり、除する値を

$$\exp\left(\frac{h\nu}{k_B T}\right) \rightarrow \exp\left(\frac{h\nu}{k_B T}\right) - 1$$

と修正しただけの式である。

このように、プランクは、分母から1を引くという簡単な修正を加えることで、見事に光のエネルギー分布を全振動数領域にわたって表現できる表式を見出したのである。しかし、分母から1を引くという操作にどんな意味があるのであろうか。

プランクは、これをヒントに、ある重要な結論に達するのである。それは、空洞に閉じ込められた光のエネルギーは、連続ではなく

$$0h\nu,\ 1h\nu,\ 2h\nu,\ 3h\nu, \ldots,\ nh\nu, \ldots$$

のような飛び飛びの値をとるということである。

演習 6-2　空洞内に閉じ込められた光のエネルギーが n を正の整数として $E = nh\nu$ のように飛び飛びの値をとると仮定して、光波1個のエネルギーの分配関数を求めよ。さらに平均エネルギーを計算せよ。

解）　エネルギーが　$E = nh\nu$　$(n = 0, 1, 2, \ldots)$ であるので、光波の1粒子系の分配関数 Z は

$$Z = \exp\left(-\frac{0h\nu}{k_B T}\right) + \exp\left(-\frac{h\nu}{k_B T}\right) + \exp\left(-\frac{2h\nu}{k_B T}\right) + \ldots + \exp\left(-\frac{nh\nu}{k_B T}\right) + \ldots$$

$$= 1 + \exp\left(-\frac{h\nu}{k_B T}\right) + \exp\left(-\frac{2h\nu}{k_B T}\right) + \ldots + \exp\left(-\frac{nh\nu}{k_B T}\right) + \ldots$$

となる。

これは、初項が1で公比が $\exp\left(-\frac{h\nu}{k_B T}\right)$ の無限等比級数であるので

$$Z = \frac{1}{1-\exp\left(-\frac{h\nu}{k_B T}\right)} = \frac{1}{1-\exp(-\beta h\nu)}$$

となる。ここで、光波1個の平均エネルギー u は

$$u = -\frac{1}{Z}\frac{\partial Z}{\partial \beta}$$

と与えられる。ここで

$$\frac{\partial Z}{\partial \beta} = \frac{-h\nu \exp(-\beta h\nu)}{\{1-\exp(-\beta h\nu)\}^2}$$

となるので

$$u = -\frac{1}{Z}\frac{\partial Z}{\partial \beta} = \frac{h\nu \exp(-\beta h\nu)}{1-\exp(-\beta h\nu)} = \frac{h\nu}{\exp(\beta h\nu)-1} = \frac{h\nu}{\exp\left(\frac{h\nu}{k_B T}\right)-1}$$

となる。

このように、光のエネルギーが $h\nu$ を単位として、飛び飛びであるという仮定をすると、プランクの輻射式の分布がえられるのである。古典力学においては、波の振動数 ν は連続となるはずである。しかし、プランクの輻射式によれば、空洞の中に閉じ込められた光の振動数 ν は連続ではなく、ある基準周波数の整数倍の値しかとらないことになり、光のエネルギーは量子化されていることを示しているのである。これは、古典物理学では説明することができない。しかも、光の振動数とエネルギーを結ぶ比例定数の h は、量子力学において、基本かつ重要な役割を演じることになる。

ただし、プランクは、量子力学の夜明けを信じていたわけではなく、自分が発見した結果も、いずれは、古典物理学で説明できるものと考えていたのである。

実は、プランクの輻射式を使えば、レーリー・ジーンズの法則やウィーンの変位則を導出することが可能となる。

演習 6-3　プランクの輻射式を使って、レーリー・ジーンズの法則およびウィーンの変位則を導出せよ。

解）　振動数ν が小さい場合と、大きい場合に分けて考えればよい。指数関数は

$$\exp\left(\frac{h\nu}{k_B T}\right) = 1 + \frac{h\nu}{k_B T} + \frac{1}{2!}\left(\frac{h\nu}{k_B T}\right)^2 + \frac{1}{3!}\left(\frac{h\nu}{k_B T}\right)^3 + \dots$$

と展開することができる。νが小さいときには 2 乗以降の項を無視すると

$$\exp\left(\frac{h\nu}{k_B T}\right) - 1 \cong \frac{h\nu}{k_B T}$$

と近似できる。これをプランクの輻射式に代入すると

$$E(\nu)d\nu = \frac{8\pi\nu^2}{c^3}\frac{h\nu}{\exp\left(\dfrac{h\nu}{k_B T}\right) - 1}d\nu \cong \frac{8\pi\nu^2}{c^3}\frac{h\nu}{\dfrac{h\nu}{k_B T}}d\nu = \frac{8\pi\nu^2}{c^3}k_B T d\nu$$

となって、レーリー・ジーンズの法則がえられる。

つぎに、ν が大きい場合には

$$\exp\left(\frac{h\nu}{k_B T}\right) >> 1$$

であるから

$$\exp\left(\frac{h\nu}{k_B T}\right) - 1 \cong \exp\left(\frac{h\nu}{k_B T}\right)$$

とみなせるのでウィーンの分布式と等価となる。

演習 6-4　プランクの輻射式

$$E(\nu) = \frac{8\pi\nu^2}{c^3}\frac{h\nu}{\exp\left(\dfrac{h\nu}{k_B T}\right) - 1}$$

をもとに容器に閉じ込められた光の全エネルギーの温度依存性を求めよ。

解）　容器内の光の全エネルギーE^{total}は、プランクの輻射式をνに関して 0 から∞まで積分すればよい。よって

$$E^{total} = \int_0^\infty E(\nu)d\nu = \frac{8\pi h}{c^3}\int_0^\infty \frac{\nu^3}{\exp(\beta h\nu)-1}d\nu$$

となる。ここで、$t = \beta h\nu$と置くと

$$\int_0^\infty \frac{\nu^3}{\exp(\beta h\nu)-1}d\nu = \frac{1}{\beta^4 h^4}\int_0^\infty \frac{t^3}{\exp t - 1}dt$$

ここで、補遺 7 から

$$\int_0^\infty \frac{t^3}{\exp t - 1}dt = \frac{\pi^4}{15}$$

と与えられるので

$$E^{total} = \int_0^\infty E(\nu)d\nu = \frac{8\pi^5}{15c^3h^3\beta^4} = \frac{8\pi^5 k_B{}^4}{15c^3h^3}T^4$$

となる。

温度以外はすべて定数であるから$\sigma = \dfrac{8\pi^5 k_B{}^4}{15c^3h^3}$　と置くと

$$E^{total} = \int_0^\infty E(\nu)d\nu = \sigma T^4$$

となる。よって、容器に閉じ込められた光のエネルギーは温度の 4 乗に比例する。

この温度依存性は、**ステファンの法則** (Stephan's law) として知られている。また、ステファンーボルツマン定数は

$$\sigma = \frac{8\pi^5 k_B{}^4}{15c^3h^3} = 163.2\frac{k_B{}^4}{c^3h^3}$$

と与えられる。

演習 6-5　ウィーンの変位則を使って、全エネルギーを求めよ。

解）　ウィーンの変位則では

$$E(\nu)d\nu = h\nu \exp\left(-\frac{h\nu}{k_B T}\right)\frac{8\pi\nu^2}{c^3}d\nu = h\nu \exp(-\beta h\nu)\frac{8\pi\nu^2}{c^3}d\nu$$

となる。よって

$$E^{total} = \int_0^\infty E(\nu)d\nu = \frac{8\pi h}{c^3}\int_0^\infty \frac{\nu^3}{\exp(\beta h\nu)}d\nu$$

$t = \beta h\nu$ と置くと

$$\int_0^\infty \frac{\nu^3}{\exp(\beta h\nu)}d\nu = \frac{1}{\beta^4 h^4}\int_0^\infty \frac{t^3}{\exp(t)}dt = \frac{1}{\beta^4 h^4}\int_0^\infty t^3 e^{-t}dt$$

となる。ここでガンマ関数の定義から

$$\int_0^\infty t^3 e^{-t}dt = \Gamma(4) = 6$$

となるので

$$E^{total} = \frac{8\pi h}{c^3}\int_0^\infty \frac{\nu^3}{\exp(\beta h\nu)}d\nu = \frac{8\pi h}{c^3}\frac{6}{\beta^4 h^4} = \frac{48\pi k_B{}^4}{c^3 h^3}T^4$$

となる。

したがって、ウィーンの変位則を使えば、ステファン - ボルツマン定数は

$$E^{total} = \frac{48\pi k_B{}^4}{c^3 h^3}T^4 \qquad \text{から} \qquad \sigma = \frac{48\pi k_B{}^4}{c^3 h^3} = 1\ 5.70\frac{k_B{}^4}{c^3 h^3}$$

となる。よって、プランクの輻射式とウィーンの変位則では、ステファン - ボルツマン定数は、それぞれ

$$\sigma = 163.2\frac{k_B{}^4}{c^3 h^3} \qquad \sigma = 1\ 5.70\frac{k_B{}^4}{c^3 h^3}$$

となり、少し誤差が生じることになる。

演習 6-6　プランクの輻射式

$$E(\nu)d\nu = \frac{8\pi\nu^2}{c^3}\frac{h\nu}{\exp\left(\dfrac{h\nu}{k_B T}\right)-1}d\nu$$

における変数を、振動数 ν から波長 λ に変換せよ。

解） 光の振動数νと波長λの間には、光速を c として、$c=\lambda\nu$ という関係が成立する。よって $\nu=\dfrac{c}{\lambda}$ から $d\nu=-\dfrac{c}{\lambda^2}d\lambda$ となる。これらをプランクの輻射式

$$\frac{8\pi\nu^2}{c^3}\frac{h\nu}{\exp\left(\dfrac{h\nu}{k_BT}\right)-1}d\nu$$

に代入すると

$$\frac{8\pi c^2}{c^3\lambda^2}\frac{hc/\lambda}{\exp\left(\dfrac{hc}{\lambda k_BT}\right)-1}\left(-\frac{c}{\lambda^2}\right)d\lambda=-\frac{8\pi}{\lambda^5}\frac{hc}{\exp\left(\dfrac{hc}{\lambda k_BT}\right)-1}d\lambda$$

となる。

よって、波長λで表示したエネルギー分布は

$$E(\lambda)d\lambda=-\frac{8\pi}{\lambda^5}\frac{hc}{\exp\left(\dfrac{hc}{\lambda k_BT}\right)-1}d\lambda=-8\pi\lambda^{-5}\frac{hc}{\exp\left(\dfrac{hc}{\lambda k_BT}\right)-1}d\lambda$$

と与えられることになる。ここで、λに関する極値を求めてみよう。煩雑さを避けるために $hc/k_BT=a$ と置くと

$$E(\lambda)=-8\pi\lambda^{-5}\frac{hc}{\exp\left(\dfrac{a}{\lambda}\right)-1}$$

となり

$$\frac{dE(\lambda)}{d\lambda}=40\pi\lambda^{-6}\frac{hc}{\exp\left(\dfrac{a}{\lambda}\right)-1}+8\pi\lambda^{-5}\frac{hc\left(-\dfrac{a}{\lambda^2}\right)\exp\left(\dfrac{a}{\lambda}\right)}{\left\{\exp\left(\dfrac{a}{\lambda}\right)-1\right\}^2}$$

$$= 8\pi hc\lambda^{-6}\frac{5\left\{\exp\left(\dfrac{a}{\lambda}\right)-1\right\}-\dfrac{a}{\lambda}\exp\left(\dfrac{a}{\lambda}\right)}{\left\{\exp\left(\dfrac{a}{\lambda}\right)-1\right\}^2}$$

極値においては $dE(\lambda)/d\lambda = 0$ であるから

$$5\left\{\exp\left(\frac{a}{\lambda}\right)-1\right\}-\frac{a}{\lambda}\exp\left(\frac{a}{\lambda}\right)=0$$

となる。この式を解けば、極値を与える λ の値 λ_m がえられる。ただし、この方程式を解析的に解くことはできない。そこで工夫が必要となる。

まず $x=\dfrac{a}{\lambda}=\dfrac{hc}{\lambda k_B T}$ と置くと

$$5\{\exp(x)-1\}-x\exp(x)=0 \qquad \text{から} \qquad xe^x-5e^x+5=0$$

となる。この方程式は、数値計算によって解法することが可能である。あるいは、$x=5$ のとき、左辺は 5 となり、$x=4$ のとき、$5-e^4<0$ であるから、解は $4<x<5$ の範囲にあることから、地道に解を求める方法もある。

ここでは、$y=f(x)=xe^x-5e^x+5$ という関数のグラフを描いたうえで、$y=0$ との交点を求める方法をとる。このグラフは図 6-9 のようになり、交点は、$x=0$ と $x=4.965$ とえられる。

したがって

$$\frac{hc}{\lambda_m k_B T}=4.965$$

となり

$$\lambda_m=\frac{hc}{4.965k_B T}=\frac{0.002899}{T}$$

という関係がえられる。これは、まさにウィーンの変位則を波長で示した式である。ちなみに

$$c=\lambda_m \nu_m$$

という関係にあるから

$$\nu_m=\frac{4.965k_B}{h}T$$

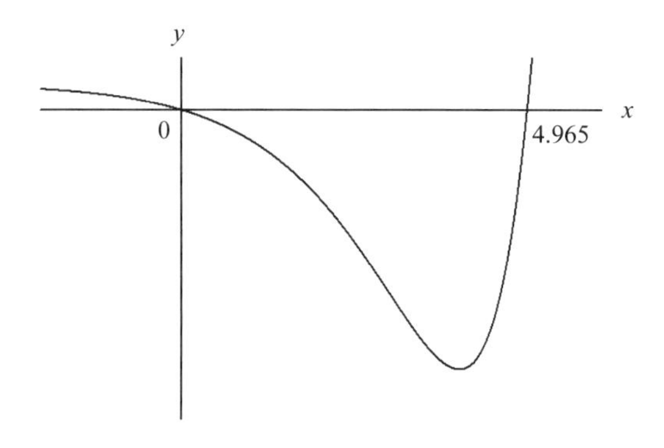

図 6-9　$y = xe^x - 5e^x + 5$ のグラフ

となって、振動数のピークが温度に比例するという関係もえられる。

このように、プランクは、空洞放射のエネルギースペクトルを見事に表現できる式を発見したが、その結果、光のエネルギーは飛び飛びの値しかとれないという当時の常識では受け入れがたい結果に直面するのである。

これは、光に粒子性があることを示唆しており、量子力学の誕生につながる大発見であった。しかし、当初は、すぐに新しい物理の構築にはつながらず、いずれ、古典力学で説明できるはずと思われていたのである。いつの時代においても、確立された学問の常識を破るということは大変なことなのである。

ここで、プランクの輻射式にあらわれる

$$\frac{1}{\exp\left(\dfrac{h\nu}{k_B T}\right)-1} = \frac{1}{\exp\left(\dfrac{E}{k_B T}\right)-1}$$

という因子について考えてみよう。これは、実はボーズ粒子がしたがうボーズ分布関数

$$f(E,T) = \frac{1}{\exp\left(\dfrac{E-\mu}{k_B T}\right)-1}$$

において、化学ポテンシャルμを 0 と置いたものである。これは光波が、質量のないボーズ粒子、つまり光子に対応することを示している。しかも、粒子の移動がともなう変化ではないので、$\mu = 0$ となるのである。

第 7 章　格子比熱

固体中の原子は、絶対零度では、格子の安定点である平衡位置に静止することが知られているが、有限の温度では、**熱振動** (thermal vibration) することが知られている。

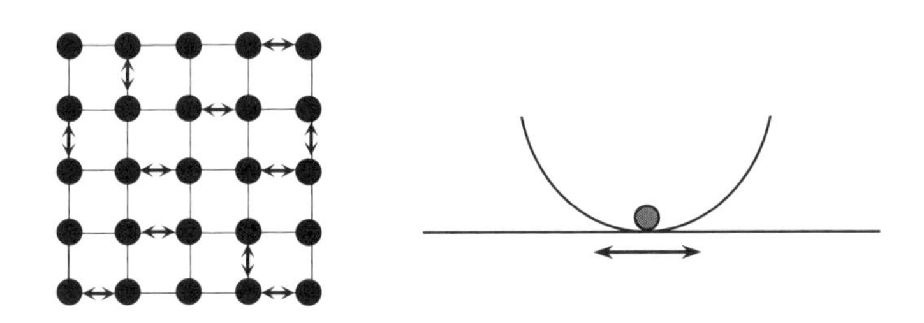

図 7-1　固体中の原子は、原子は互いに連結されて格子を構成し、有限の温度では、格子点（平衡位置）を中心に熱振動していると考えられる。

本章では、この格子の熱振動にともなうエネルギーについて考察する。もっとも単純には、この熱振動は、図 7-1 に示すように、平衡位置を中心にした原子の単振動とみなすことができ、**調和振動子** (harmonic oscillator) によって近似することができると考えられる。

7. 1.　アインシュタインモデル

ここでは、図 7-2 のように、原子どうしの相関はなく、個々の原子が独立して振動している場合を想定して解析してみよう。

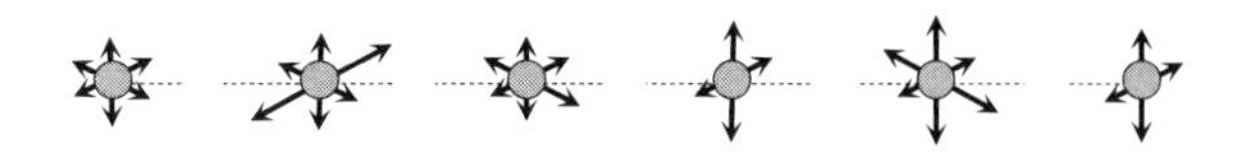

図 7-2 アインシュタインモデルでは、固体中の原子は、たがいに相関せずに、格子点を中心に自由に熱振動していると考える。

これを、**アインシュタインモデル** (Einstein model) と呼んでいる。

ここで、格子振動を統計力学的に解析するためには、例によってボルツマン因子

$$\exp\left(-\frac{E}{k_B T}\right)$$

に入るエネルギー項 E を考えなければならない。

固体を構成する原子の熱振動が、量子的調和振動子として近似できると仮定すれば、 $E = nh\nu$ および $\nu = \omega/2\pi$ という関係から E としては

$$E_0 = 0, \ E_1 = \hbar\omega, \ E_2 = 2\hbar\omega, \ E_3 = 3\hbar\omega, \ldots$$

が想定される。ただし、$\hbar$ はプランク定数 h を 2πで除したものであり、ωは原子振動の角振動数である。原子の質量を m、熱振動のばね定数を k とすると

$$\omega = \sqrt{\frac{k}{m}}$$

という関係にある。一般式では

$$E_n = n\hbar\omega \quad (n = 0, 1, 2, 3, \ldots)$$

となる。

ところで、量子力学的調和振動子のシュレーディンガー方程式を解法すると、正式には

$$E_n = \left(n + \frac{1}{2}\right)\hbar\omega$$

という解がえられ、最低エネルギー準位（ゼロ点エネルギー）として、$E_0 = (1/2)\hbar\omega$ がえられる（補遺 3 参照）。ただし、統計力学のような多体からなる系を扱う場合には、本質的ではないので、 $E_0 = 0$ としてもよい。

演習 7-1　固体内の原子の熱振動が、すべての原子が独立した調和振動子モデルで記述できるものと仮定した場合、この系の分配関数 Z を求めよ。ただし、そのエネルギーに上限はないものとする。

解）　この系の分配関数 Z は

$$Z = \exp\left(-\frac{E_0}{k_B T}\right) + \exp\left(-\frac{E_1}{k_B T}\right) + ... + \exp\left(-\frac{E_n}{k_B T}\right) + ...$$

$$= 1 + \exp\left(-\frac{\hbar\omega}{k_B T}\right) + ... + \exp\left(-\frac{2\hbar\omega}{k_B T}\right) + ...$$

となる。この和は初項が 1 で公比が $\exp\left(-\frac{\hbar\omega}{k_B T}\right)$ の無限級数であるから

$$Z = \frac{1}{1 - \exp\left(-\frac{\hbar\omega}{k_B T}\right)}$$

となる。

演習 7-2　固体を構成する原子を、すべて独立した調和振動子とみなしたとき、1 個の原子が温度 T で有する平均エネルギー $< E >$ を求めよ。

解）　分配関数は　$Z = \frac{1}{1 - \exp\left(-\frac{\hbar\omega}{k_B T}\right)} = \frac{1}{1 - \exp(-\beta\hbar\omega)}$

となるが、平均エネルギーは

$$< E > = -\frac{1}{Z}\frac{\partial Z}{\partial \beta}$$

と与えられる。ここで

$$\frac{\partial Z}{\partial \beta} = -\frac{\hbar\omega \exp(-\beta\hbar\omega)}{\left[1 - \exp(-\beta\hbar\omega)\right]^2}$$

であるから

$$<E> = -\frac{1}{Z}\frac{\partial}{\partial\beta}(\ln Z) = \frac{\hbar\omega\exp(-\beta\hbar\omega)}{1-\exp(-\beta\hbar\omega)} = \frac{\hbar\omega}{\exp(\beta\hbar\omega)-1}$$

$$= \frac{\hbar\omega}{\exp\left(\frac{\hbar\omega}{k_B T}\right)-1}$$

となる。

このように、平均エネルギーとして、前章で扱ったプランクの輻射式に似た表式がえられることがわかる。ただし、光のエネルギーは $h\nu$とし、調和振動子のエネルギーは $\hbar\omega$としているが、$\hbar = h/2\pi$ かつ$\omega=2\pi\nu$という関係にあるので、両者は同じものである。

ここで、光のエネルギーと格子振動に共通して

$$f(E,T) = \frac{1}{\exp\left(\frac{E}{k_B T}\right)-1}$$

というかたちをした数式が入っていることに気づく。ただし $E = h\nu = \hbar\omega$である。この関数は、4 章で紹介したボーズ分布関数において、$\mu = 0$ としたものである。ボーズ粒子では、ひとつのエネルギー準位を占有できる粒子数に制限がないという特徴を有する。

ここで、$\mu = 0$ について、少し説明しておこう。μは化学ポテンシャルと呼ばれ、粒子が系に 1 個付加されたときのエネルギー増加分に相当する。しかし、光の場合も格子振動の場合も、実在の粒子が系に付加されているわけではない。よって、粒子数が変化しないので、$\mu = 0$ となるのである。

このように、光波も原子の振動も物理的実体のない仮想粒子であり、いずれも $\mu = 0$ のボーズ粒子となる。そして、それぞれを粒子になぞらえて、光子 (photon) および音子 (phonon) と呼んでいる。

ところで、いま求めた$\langle E \rangle$は、固体を構成する 1 個の原子が温度 T において有する平均エネルギーである。われわれが求めたいのは、固体に含まれる多くの原子の振動エネルギーである。

そこで、固体が N 個の原子を含むとしよう。すると、固体の全エネルギーは、

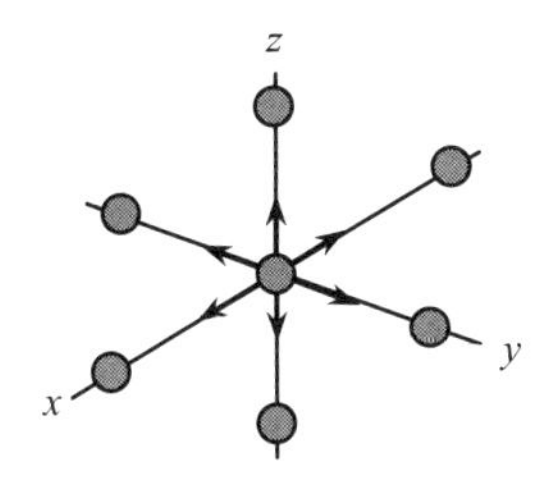

図 7-3　図 7-2 の 1 次元鎖モデルでは、1 方向の振動のみを考えたが、3 次元の格子には、その振動に 3 個の自由度がある。

1 個の原子の平均エネルギーを N 倍すればえられるはずである。ただし、これだけでは不十分である。

固体は 3 次元格子からできている。そして、1 個の原子の運動には xyz 方向の 3 個の自由度がある。よって、格子全体の自由度は $3N$ となるのである。

したがって、3 次元の固体においては、格子の運動による内部エネルギー U_{lattice} は $<E>$ を $3N$ 倍して

$$U_{\text{lattice}} = 3N < E > = \frac{3N\hbar\omega}{\exp\left(\dfrac{\hbar\omega}{k_B T}\right) - 1}$$

と与えられることになる。

> **演習 7-3**　原子の振動が調和振動子で近似できると仮定した場合の 3 次元格子からなる固体の格子比熱 C_{lattice} を求めよ。

解)　格子比熱は $C_{\text{lattice}} = \dfrac{dU_{\text{lattice}}}{dT}$ によって与えられる。ここで

$$f(T) = \exp\left(\frac{\hbar\omega}{k_B T}\right) - 1 = \exp(g(T)) - 1$$

と置くと

$$f'(T) = \frac{df(T)}{dT} = g'(T)\exp(g(T)) = -\frac{\hbar\omega}{k_B T^2}\exp\left(\frac{\hbar\omega}{k_B T}\right)$$

$$C_{\text{lattice}} = \frac{dU_{\text{lattice}}}{dT} = -3N\hbar\omega \frac{f'(T)}{\{f(T)\}^2}$$

よって

$$C_{\text{lattice}} = 3Nk_B \left(\frac{\hbar\omega}{k_B T}\right)^2 \frac{\exp(\hbar\omega / k_B T)}{\{\exp(\hbar\omega / k_B T) - 1\}^2}$$

となる。

このままでは、式が煩雑であるので、低温と高温の場合の近似を示しておこう。低温では　$\hbar\omega >> k_B T$　であるので

$$T \to 0 \text{ のとき } \exp\left(\frac{\hbar\omega}{k_B T}\right) - 1 \to \infty$$

から

$$U_{\text{lattice}} = \frac{3N\hbar\omega}{\exp\left(\frac{\hbar\omega}{k_B T}\right) - 1} \to 0$$

となり、内部エネルギーの温度依存性はなくなり、その結果、比熱は

$$C_{\text{lattice}} = \frac{dU_{\text{lattice}}}{dT} \cong 0$$

となる。

演習 7-4　アインシュタインモデルに従う格子比熱において、高温領域、すなわち、$k_B T >> \hbar\omega$ を満足する領域での比熱を近似的に求めよ。

解）　この領域では $\dfrac{\hbar\omega}{k_B T} << 1$ となる。したがって

$$e^x = \exp(x) = 1 + x + \frac{1}{2!}x^2 + \frac{1}{3!}x^3 + \ldots$$

において 2 次以降の項を無視でき

$$\exp\left(\frac{\hbar\omega}{k_B T}\right) \cong 1 + \frac{\hbar\omega}{k_B T} \quad から \quad \exp\left(\frac{\hbar\omega}{k_B T}\right) - 1 \cong \frac{\hbar\omega}{k_B T}$$

したがって

$$U_{\mathrm{lattice}} = \frac{3N\hbar\omega}{\exp\left(\frac{\hbar\omega}{k_B T}\right) - 1} \cong \frac{3N\hbar\omega}{\frac{\hbar\omega}{k_B T}} = 3Nk_B T$$

となる。

ここで、N としてアボガドロ数 N_{A} を選べば、これは 1mol あたりの内部エネルギーとなるので、モル比熱は

$$C_{\mathrm{lattice}} = \frac{dU_{\mathrm{lattice}}}{dT} \cong 3N_{\mathrm{A}} k_B$$

となる。

ここで、R を**気体定数** (gas constant) とすると、モル比熱は

$$C_{\mathrm{lattice}} \cong 3N_{\mathrm{A}} k_B = 3R$$

と与えられる。このように、高温域での比熱は一定となる。実は、この結果は、実際の観測値 $3R$ を与える**デューロン・プチの法則** (Dulong-Peti's law)とよい一致を示す。

気体分子運動論によると、ミクロ粒子が、温度 T で有する 1 自由度あたりのエネルギーは(1/2) $k_B T$ であった。これを 3 次元の単振動にあてはめると、*xyz* 方向それぞれ自由度は 2 なので、3 次元での自由度は 6 となり、エネルギーは $3k_B T$ となる。全粒子数が N の場合には、その総エネルギー U は

$$U = 3Nk_B T$$

となる。したがって、モル比熱は

$$C_{\mathrm{lattice}} = \frac{dU_{\mathrm{lattice}}}{dT} \cong 3N_{\mathrm{A}} k_B = 3R$$

と与えられる。実際に多くの金属の高温におけるモル比熱は、金属の種類に関係なく、一定の $3R$ に近い値を示す。

ところで、アインシュタインモデルによると、低温での比熱はゼロとなるが、実際の固体では、もちろん、低温比熱はゼロではなく、T^3 に比例することが知

られている。この違いは何に由来するのであろうか。それを考察してみよう。

7. 2. デバイ近似

アインシュタインモデルは、高温領域の比熱をうまく表現できるが、低温側では実験結果と一致しない。

これは、高温では、エネルギーの高い（波長の短い）格子振動が主流となり、原子が個々に独立して振動しているとみなすモデルがよい近似となるのに対し、低温では、より波長の長い、つまりエネルギーの低い振動も考慮する必要があるためである。波長が長い格子振動とは、いわば、原子が相互に連動して振動する波のことである。

例えば、アインシュタインモデルは、個々の原子の振動のみを考えているので、a を格子定数とすると、波長λが最小の $2a$ の波（波数 $k = \pi/a$） しか考えていないことになる。

一方、格子波としては、図 7-4 に示すように、これよりも波長の長い（波数の小さい）波も多く存在するはずである。このような波は、多くの原子が連動して生じる波である。

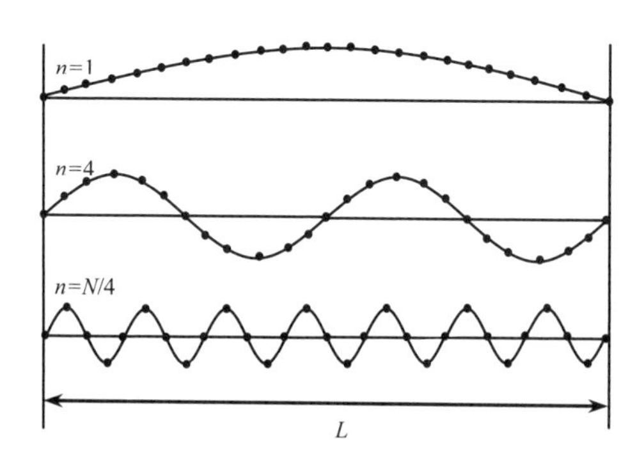

図 7-4 1 辺の長さが L の一次元鎖において可能な格子波の例。3 次元結晶では、3 方向に同様な波が考えられる。

波長の長い波のエネルギーは低いので、高温では無視できるが、低温では無視できなくなり、その結果、アインシュタインモデルは、低温で、誤差が顕著になるものと考えられる。

そこで、ここからは、原子が連動して動く波（波長の長い振動）について考えていく。

ここで、1 辺の長さが L の立方体からなる固体を考えてみよう。そして、1 辺あたりに存在する原子数を N とする。（このとき、立方体中に存在する原子数は N^3 となる）。すると格子定数 a は

$$a = \frac{L}{N}$$

となる。したがって、最も波長の短い波は

$$\lambda = 2a = \frac{2L}{N}$$

となる。この波数は

$$k = \frac{2\pi}{\lambda} = \frac{N\pi}{L}$$

となる。アインシュタインモデルでは、この波長の振動だけを考えていることになる。しかし、実際には、1 辺の長さ L の固体の格子波が定常波として、とりうる波長は

$$\lambda = 2L\,,\ \frac{2L}{2},\ \frac{2L}{3},\ldots,\ \frac{2L}{n},\ldots,\ \frac{2L}{N}$$

のように多数ある。

そして、もっとも波長の長いものは $2L$ となる。また、可能な波の種類は N 個となる。

これら波に対応する波数 k は

$$\frac{\pi}{L},\ \frac{2\pi}{L},\ \frac{3\pi}{L},\ldots,\ \frac{n\pi}{L},\ldots,\ \frac{N\pi}{L}$$

の N 個となる。

ここで、われわれがほしいのは、波のエネルギー E の表式と、あるエネルギー状態にある波の数、いわゆる状態密度 $D(E)$ である。そうすれば

$$Z = \sum_{n=0} D(E_n) \exp\left(-\frac{E_n}{k_B T}\right)$$

という計算によって分配関数を求めることができる。あるいは、エネルギーが連続とみなせる場合は

$$Z = \int D(E) \exp\left(-\frac{E}{k_B T}\right) dE$$

という積分によって、分配関数を求めることができる。ただし、本章では、比熱を考えているので、分配関数ではなく、内部エネルギー

$$U = \int E D(E) \exp\left(-\frac{E}{k_B T}\right) dE$$

を求めるほうが便利である。

さらに、いま、われわれが扱う格子振動は、量子的調和振動子で近似できると考えているのであった。したがって、前章の光のエネルギーのときに取り扱ったプランク輻射にならって、内部エネルギーは

$$U = \int \frac{D(E)E}{\exp\left(\dfrac{E}{k_B T}\right) - 1} dE$$

と与えられる。ここで

$$f(E, T) = \frac{1}{\exp\left(\dfrac{E}{k_B T}\right) - 1}$$

は、ボーズ分布関数であった。

これは、演習 7-2 で求めたように、調和振動子の平均エネルギーが

$$< E >= \frac{E}{\exp\left(\dfrac{E}{k_B T}\right) - 1} = \frac{\hbar\omega}{\exp\left(\dfrac{\hbar\omega}{k_B T}\right) - 1}$$

と与えられることからも確かめられる。

以上をもとに、内部エネルギー U を求めていこう。まず、格子振動のエネルギー E が、どのように表現できるかを考えてみよう。$E=\hbar\omega$ であるから、固体内の原子の振動に対応した ω が導出できれば、エネルギーを決めることができる。ま

ず、一般の波は

$$\exp\{i(kx-\omega t)\}$$

と与えられる。このとき、その速度 v は

$$v=\frac{\omega}{k}$$

となる。よって、結晶格子が生成する平面波の波数 k と速度 v が判れば、ω が求められことになる。一般には、ω と k の分散関係は線形ではないが、**デバイ** (P. Debye, 1884-1966) は、これを単純化し、波の速度 v は音速の c_s で一定として

$$\omega=c_s k$$

という関係にあると仮定した。

これをデバイ近似と呼んでいる。これは、図 7-5 の分散関係からわかるように、k が小さい領域ではよい近似となる。

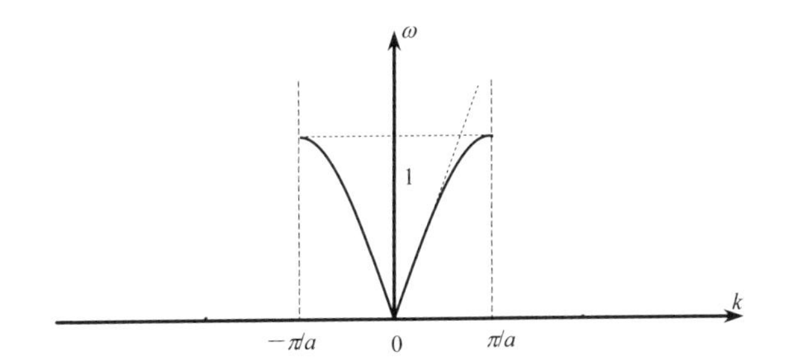

図 7-5　固体内の ω と k の分散関係。k が小さい領域では比例関係が成立する（『なるほど物性論』（海鳴社）参照）。

このような分散関係を仮定すると、格子波のエネルギーは

$$E_1=\hbar\omega_1=\hbar c_s k_1=\frac{\pi\hbar c_s}{L}$$

と変形できて、以下同様に

$$E_2=\frac{2\pi\hbar c_s}{L},\ \dots,\ \ E_n=\frac{n\pi\hbar c_s}{L},\ \dots.,\ \ E_{\max}=\frac{\pi N\hbar c_s}{L}$$

と与えられる。

ここで、重要な点は、固体内では原子の振動によって格子波が生じるため、振

動エネルギーに上限があるという事実である。前章で行った光のエネルギーの場合には、上限がないという仮定で計算している。上限がないほうが、積分の上端を∞と置けるので、計算が楽になる場合が多い。

これらエネルギーは、プランク定数 h を使えば

$$E_1 = \frac{hc_s}{2L},\ E_2 = \frac{2hc_s}{2L},\ \dots,\ E_n = \frac{nhc_s}{2L},\ \dots,\ E_{max} = \frac{Nhc_s}{2L}$$

となる。

演習 7-5　エネルギーの量子化条件を 1 次元の平面波である $\exp(ikx)$ から、3 次元空間の $\exp(i\vec{\boldsymbol{k}}\cdot\vec{\boldsymbol{r}})$ に拡張せよ。

解）　3 次元の平面波の波数は

$$\vec{\boldsymbol{k}} = \begin{pmatrix} k_x & k_y & k_z \end{pmatrix} \qquad k = \left|\vec{\boldsymbol{k}}\right| = \sqrt{{k_x}^2 + {k_y}^2 + {k_z}^2}$$

となる。

1 次元の波数は

$$k_1 = \frac{\pi}{L},\ k_2 = \frac{2\pi}{L},\ k_3 = \frac{3\pi}{L},\ \dots,\ k_n = \frac{n\pi}{L},\ \dots$$

であったが、3 次元の波に拡張すると

$$k_{nx} = \frac{n_x\pi}{L},\ k_{ny} = \frac{n_y\pi}{L},\ k_{nz} = \frac{n_z\pi}{L}$$

として

$$\vec{\boldsymbol{k}}_n = \begin{pmatrix} k_{nx} \\ k_{ny} \\ k_{nz} \end{pmatrix} = \frac{\pi}{L}\begin{pmatrix} n_x \\ n_y \\ n_z \end{pmatrix} \qquad k_n = \left|\vec{\boldsymbol{k}}_n\right| = \frac{\pi}{L}\sqrt{{n_x}^2 + {n_y}^2 + {n_z}^2}$$

となる。エネルギーは $E = \hbar c_s k$ であったので

$$E_n = \frac{\pi\hbar c_s}{L}\sqrt{{n_x}^2 + {n_y}^2 + {n_z}^2} = n\frac{\pi\hbar c_s}{L}$$

と与えられる。ただし、$n = \sqrt{{n_x}^2 + {n_y}^2 + {n_z}^2}$ と置いている。

ここで、n_x, n_y, n_zの最大値は、固体の 1 辺 L に含まれる原子数 N となる。さらに、格子波の種類は、(n_x, n_y, n_z)というベクトルで指定できるが、各成分は正の整数でなければならない。よって、格子波に対応した点は図 7-6 に示すような離散的な分布をすることになる。

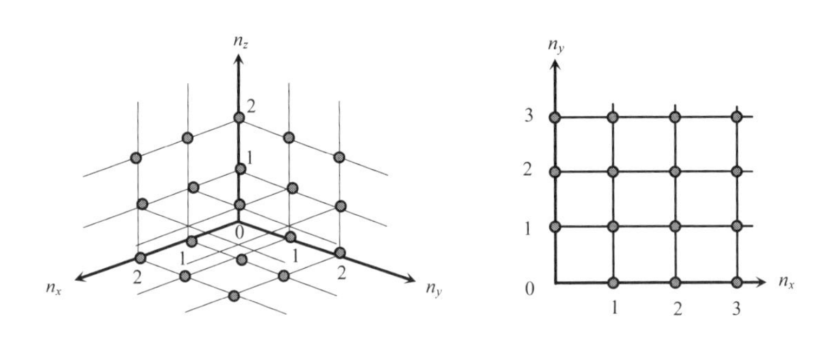

図 7-6　格子波を指定するための n 空間。格子波は座標が整数からなる格子点によって指定できる。右図には、xy 平面における格子点の様子を示している。

ここで、これら成分を座標とする n 空間というものを想定してみよう。すると、図 7-6 に示すように、格子波は、この空間の整数格子点によって表現でき、座標がわかれば、エネルギーも指定できることになる。また、空間としては、n_x, n_y, n_z がすべて正の領域を考えればよいことになる。

この空間において、エネルギーE_nが一定の格子波に対応した点の数 $D(E_n)$はどうなるであろうか。これが、エネルギー状態密度である。この密度は、n 空間において、図 7-7 に示すように半径が n の 1/8 球面上にある格子点の数となる。

当然、n が大きくなれば、格子点の数も増えていく。ただし、固体内の格子振動では、前述したように、n には上限 n_{max} が存在することにも注意する。

さらに、$D(E_n)$を求める際には、n と $n+dn$ の範囲を考え、この範囲内にある格子点の数が $D(E_n)dn$ になるということから、状態密度を求めるのであった。

ここで、$D(n)$ $(=D(E_n))$を求めるために、運動量空間で考えた状態密度の導出方法を流用する。まず、半径が n の 1/8 球に含まれる格子点の数 $G(n)$を求める。格子点 1 個あたりの体積は 1×1×1 であるから、結局、n 空間での体積/1 が格子点の数になる。よって

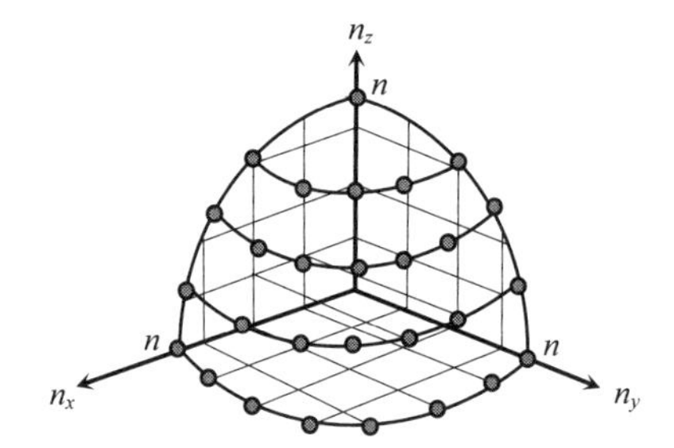

図 7-7　n 空間の 1/8 球の球面と、その上に位置する格子点。この図では、格子点間を大きく取っているが、実際の空間では、この面上に無数の格子点が位置することになる。

$$G(n) = \frac{4\pi}{3}n^3 \times \frac{1}{8} = \frac{\pi}{6}n^3$$

となる。

> **演習 7-6**　格子波の n 空間における密度 $D(n)$ が、n と $n+dn$ の範囲にある格子波の個数であることをもとに $D(n)$を求めよ。

解）　0 から $n+dn$ の範囲にある格子波の個数 $G(n)$は

$$G(n+dn) = \frac{\pi}{6}(n+dn)^3 = \frac{\pi}{6}\{n^3 + 3n^2dn + 3n(dn)^2 + (dn)^3\}$$

したがって

$$G(n+dn) - G(n) = \frac{\pi}{6}\{3n^2dn + 3n(dn)^2 + (dn)^3\}$$

ここで、dn が**無限小** (infinitesimal) とすると、高次の項は無視できるので

$$G(n+dn) - G(n) = \frac{\pi}{2}n^2dn$$

となる。これは、微分の定義

$$\lim_{dn \to 0}\frac{G(n+dn) - G(n)}{dn} = \frac{dG(n)}{dn} = \frac{\pi}{2}n^2$$

からもわかる。よって

$$D(n) = \frac{dG(n)}{dn} = \frac{\pi}{2}n^2$$

となる。

ここで、離散的な和を、積分に変えてみよう。このとき、n は連続と仮定する。金属 1[mol]の大きさは、一辺の長さ L が 1cm 程度の立方体である。このとき、アボガドロ数である 6×10^{23} 個程度の原子からなるが、10^{24} とすると、1 辺に 10^8 個の原子が並ぶことになる。すると、その間隔は 10^{-10} [m]となり、ほぼ連続とみなしてよいのである。

つぎに、すでに指摘しているように、固体内の原子は有限であるため、その数 n に最大値 n_{max} が存在する。固体内の原子の総数は N^3 であるので、n_{max} は

$$G(n_{max}) = \frac{\pi}{6}{n_{max}}^3 = N^3$$

という関係から

$$n_{max} = \sqrt[3]{\frac{6}{\pi}}N$$

と与えられる。よって、内部エネルギーは

$$U = \int_0^{n_{\max}} \frac{D(n)E_n}{\exp\left(\dfrac{E_n}{k_B T}\right) - 1} dn$$

となり、積分範囲は 0 から∞ではなく、0 から n_{max} となる。また、それぞれの変数は

$$E_n = n\frac{\pi\hbar c_s}{L}, \quad D(n) = \frac{\pi}{2}n^2, \quad n_{max} = \sqrt[3]{\frac{6}{\pi}}N$$

となっている。

ここで、アインシュタインモデルでの取り扱いを思い出してみよう。最初は 1 次元の振動を考えていたが、最後には 3 次元空間の振動を考えて、振動方向に 3 個の自由度があることから、調和振動子の個数を 3 倍した。ここでも同様の取り扱いが必要である。実は、格子波の場合にも、同じ n に対応して 3 種類の振動モ

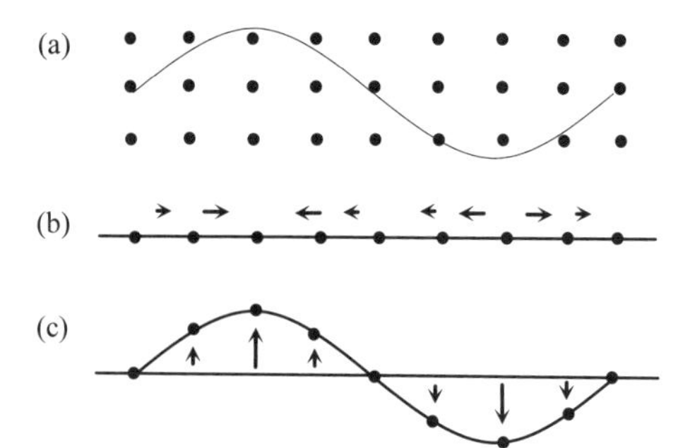

図 7-8　同じ n に対応した 3 種類の波。格子中をあるモード数で伝播する(a)波としては、(b)のたて波と(c)の横波が考えられ、さらに(c)の横波では紙面に垂直方向の振動も考えられるため、全部で 3 種類となる。

ードが存在するのである。その様子を図 7-8 に示した。

このように、同じ n に対して 3 種の格子波のモードがあることから、結局、内部エネルギーは

$$U = 3\int_0^{n_{\max}} \frac{E_n D(n)}{\exp\left(\dfrac{E_n}{k_B T}\right)-1}dn = \frac{3\pi}{2}\int_0^{n_{\max}} \frac{E_n n^2}{\exp\left(\dfrac{E_n}{k_B T}\right)-1}dn$$

$$= \frac{3\pi}{2}\frac{\pi\hbar c_s}{L}\int_0^{n_{\max}} \frac{n^3}{\exp\left(\dfrac{\pi\hbar c_s}{Lk_B T}n\right)-1}dn$$

となる。

演習 7-7　つぎのような変数変換

$$x = \frac{\pi\hbar c_s}{Lk_B T}n$$

を行い、U の積分を変数 n から x に変換せよ。

解） $dx = \dfrac{\pi \hbar c_s}{Lk_B T} dn$　から　$dn = \dfrac{Lk_B T}{\pi \hbar c_s} dx$　また　$n^3 = \left(\dfrac{Lk_B T}{\pi \hbar c_s}\right)^3 x^3$

となるので

$$U = \frac{3\pi}{2} \frac{\pi \hbar c_s}{L} \left(\frac{Lk_B T}{\pi \hbar c_s}\right)^4 \int_0^{\frac{\pi \hbar c_s}{Lk_B T} n_{\max}} \frac{x^3}{e^x - 1} dx$$

整理して

$$U = \frac{3\pi}{2} k_B T \left(\frac{Lk_B T}{\pi \hbar c_s}\right)^3 \int_0^{\frac{\pi \hbar c_s}{Lk_B T} n_{\max}} \frac{x^3}{e^x - 1} dx$$

となる。

さらに

$$T_D = \frac{\pi \hbar c_s}{Lk_B} n_{\max}$$

と置いてみよう。T_D は**デバイ温度** (Debye temperature) と呼ばれ、物質の特性を示すパラメーターである。

$$k_B T_D = \frac{\pi \hbar c_s}{L} n_{\max} = n_{\max} \hbar \omega = \hbar \omega_{\max}$$

という関係にあり、もっとも高い角振動数に対応した温度となる。

すると

$$n_{max} = \sqrt[3]{\frac{6}{\pi}} N$$

であるから

$$T_D = \frac{\pi \hbar c_s}{k_B} \frac{N}{L} \sqrt[3]{\frac{6}{\pi}}$$

となる。このとき

$$U = 9N^3 k_B T \left(\frac{T}{T_D}\right)^3 \int_0^{\frac{T_D}{T}} \frac{x^3}{e^x - 1} dx$$

と変形できる。

したがって、関数 $y = x^3/(e^x - 1)$ の 0 から T_D/T までの範囲で積分できれば、U が求められることになる。ちなみに、このグラフは図 7-9 のようになる。

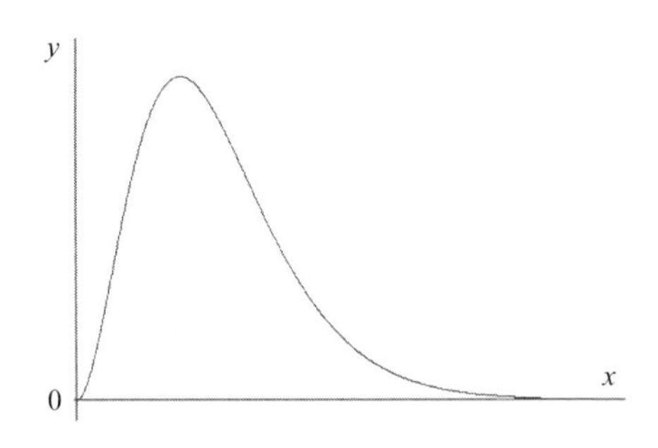

図 7-9　$y = x^3/(e^x - 1)$ のグラフ

実は、この関数は、任意の x の値に対して簡単に積分できない。よって、積分できるように工夫する必要がある。まず、被積分関数を級数展開を利用して変形してみよう。すると

$$e^x = 1 + x + \frac{x^2}{2} + \frac{x^3}{6} + \frac{x^4}{24} + \ldots \quad より \quad e^x - 1 = x + \frac{x^2}{2} + \frac{x^3}{6} + \frac{x^4}{24} + \ldots$$

であるので

$$\frac{x^3}{e^x - 1} = \frac{x^3}{x + (x^2/2) + (x^3/6) + \ldots} = \frac{x^2}{1 + (x/2) + (x^2/6) + \ldots}$$

となる。

演習 7-8　以下のように

$$\frac{x^2}{1 + (x/2) + (x^2/6) + \ldots} = ax^2 + bx^3 + cx^4 + \ldots$$

とおいて、左辺をべき級数に展開せよ。ただし、3 項までとする。

解）　分母を移項すると

$$(ax^2+bx^3+cx^4+...)\left(1+\frac{x}{2}+\frac{x^2}{6}+\frac{x^3}{24}+...\right)=x^2$$

となる。ここで、この等式が成立するように係数 a, b, c を求める。

$$ax^2=x^2 \qquad \frac{a}{2}x^3+bx^3=0 \qquad \frac{a}{6}x^4+\frac{b}{2}x^4+cx^4=0 \quad ...$$

すると　$a=1$, $b=-\frac{1}{2}$, $c=\frac{1}{12}$　となり　$\frac{x^3}{e^x-1}\cong x^2-\frac{x^3}{2}+\frac{x^4}{12}$

となる。

演習の結果を使うと

$$\int_0^t \frac{x^3}{e^x-1}dx \cong \frac{t^3}{3}-\frac{t^4}{8}+\frac{t^5}{60}$$

と積分できるので

$$U=9N^3k_BT\left(\frac{T}{T_D}\right)^3\left\{\frac{1}{3}\left(\frac{T_D}{T}\right)^3-\frac{1}{8}\left(\frac{T_D}{T}\right)^4+\frac{1}{60}\left(\frac{T_D}{T}\right)^5\right\}$$

$$=9N^3k_BT\left\{\frac{1}{3}-\frac{1}{8}\left(\frac{T_D}{T}\right)+\frac{1}{60}\left(\frac{T_D}{T}\right)^2\right\}$$

となる。ここで、高温においては $T>>T_D$ であるので、$T_D/T<<1$ となるから、これらの項を無視すると

$$U\cong 3N^3k_BT$$

よって、格子比熱は

$$C_{\mathrm{lattice}}=\frac{dU}{dT}\cong 3N^3k_B$$

となる。ここで、N^3 を 1mol の 6×10^{23} とすれば

$$C_{\mathrm{lattice}}=3N^3k_B=3R$$

となり、デバイの手法を使っても、高温での比熱が $3R$ となり、実際の観測値 $3R$ を与えるデューロン・プチの法則とよい一致を示す。

それでは、アインシュタインモデルでは、うまく再現できなかった低温領域ではどうなるであろうか。極低温では $T << T_D$ であるので $T_D/T >> 1$ となる。よって、いまの級数展開では、高次の項を無視できないことになる。一方、$T_D/T >> 1$ なので

$$\int_0^{\frac{T_D}{T}} \frac{x^3}{e^x - 1} dx \rightarrow \quad \int_0^{\infty} \frac{x^3}{e^x - 1} dx$$

と置くことができる。図 7-9 において、このグラフは x の増加とともに、急に減衰するから、この近似は問題ない。

この積分は

$$\int_0^{\infty} \frac{x^3}{e^x - 1} dx = \frac{\pi^4}{15}$$

と与えられる（補遺 7 参照）。

よって

$$U = 9N^3 k_B T \left(\frac{T}{T_D} \right)^3 \int_0^{\frac{T_D}{T}} \frac{x^3}{e^x - 1} dx \cong \frac{3\pi^4}{5} N^3 k_B T \left(\frac{T}{T_D} \right)^3$$

となり

$$C_{\text{lattice}} = \frac{dU}{dT} \cong \left(\frac{12\pi^4}{5} \frac{N^3 k_B}{{T_D}^3} \right) T^3$$

となって、比熱が T^3 に比例するという結果がえられるのである。

この温度依存性は、アインシュタインモデルではうまくいかなかった低温における比熱の温度依存性、すなわち T^3 則をよく再現しており、**デバイ比熱** (Debye specific heat) と呼んでいる。

第8章 相互作用のある系

いままで対象とした系の粒子間には、基本的には相互作用がないものとして解析を行ってきた。相互作用のない場合には、1粒子系の分配関数を Z とすれば、N 粒子系の分配関数 $Z(N)$は

$$Z(N) = Z^N$$

と与えられる。

一方、統計力学においては、相互作用を無視できない対象を扱うことも必要である。その場合は、相互作用エネルギーを E_{int} として、ボルツマン因子のエネルギー項に

$$\exp\left(-\frac{E_0 + E_{int}}{k_B T}\right)$$

のように、相互作用のない粒子系でえられるエネルギーE_0 に、相互作用エネルギーの項 E_{int} を付け加えればよいのである。

本章では、磁性に着目し、相互作用のない場合と、ある場合の解析例を紹介する。

8.1　相互作用のない場合の磁性

電子にはスピン (spin) と呼ばれる磁性が内在している。このスピンの存在によって、いろいろな物質の磁気的性質を説明することができる。ただし、スピンの本質は、いまだによくわかっていない。スピンという名がついているのは、電子が自転しており、それによって磁気モーメントが生じているという類推からである。ただし、電子の大きさ程度の自転では、観測される磁気モーメントは発生できないこともわかっており、現代物理の謎である。ただし、スピンの存在を仮定

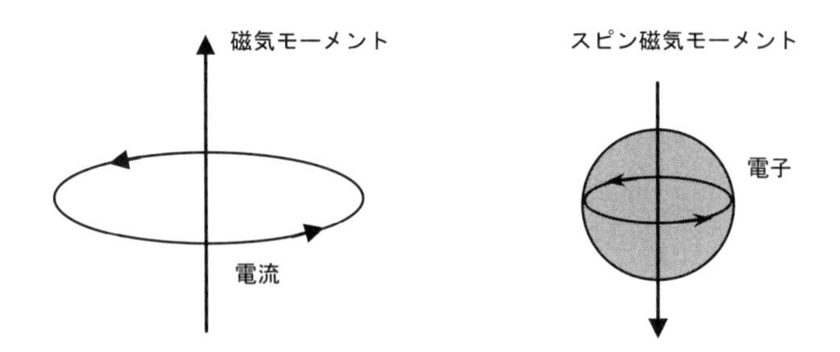

図 8-1 反時計まわりに電流が流れる閉ループに発生する磁気モーメントと電子の自転により発生する磁気モーメント。電流は正の電荷の流れである。よって負の電荷の電子が反時計まわりに自転した場合には、磁気モーメントの向きは電流の場合と逆となり、下向きスピンとなる。しかし、これは、あくまでも古典的な描像に沿ったものであり、教科書によっては、上向きスピンとして描く場合もある。いずれ、電子にはスピンと呼ばれる固有の磁気モーメントがあると考えれば、多くの物理現象を理解することが可能である。ちなみに、スピンにともなう角運動量は$\pm(1/2)\hbar$（h はプランク定数で $\hbar=h/2\pi$）のように半整数となる。このため、スピンは 2 回転して、はじめて量子数 1 の角運動量 $\hbar$ を発生するという奇妙な性質を有する。これも現代物理の謎である。

することによって多くの実験結果をうまく説明できることや、物質の磁性の理解にはスピンという概念が非常に有効であるため、重要な物理量として重宝されている。

まず、簡単な例として、格子点においては、電子のスピン磁気モーメントが $+\mu_B$ と $-\mu_B$ の 2 配位しかない場合を考える。つまり、上向きと下向きスピンしかないものと仮定する。ちなみに、μ_B は**ボーア磁子** (Bohr magnetron) と呼ばれる磁気モーメントの基本単位であり、基底状態にある電子の軌道角運動から導出されたものである。

外部磁場 H が印加されたとき、図 8-2(a)のように、外部磁場とスピンの向きが平行のとき、エネルギーは $-\mu_B H$ となり、エネルギーが $\mu_B H$ だけ低下して安定となる。（磁気エネルギー E は正式には、磁気モーメントベクトル $\vec{\boldsymbol{m}}$ と磁場ベクトル $\vec{\boldsymbol{H}}$ の内積 $E=-\vec{\boldsymbol{m}}\cdot\vec{\boldsymbol{H}}$ として与えられる。電子スピンでは、$|\vec{\boldsymbol{m}}|=\mu_B$ であり、磁気モーメントの向きは外部磁場ベクトルに平行か反平行しかない。）

一方、図 8-2(b)のように電子スピンの向きが外部磁場と反平行となるとき、エ

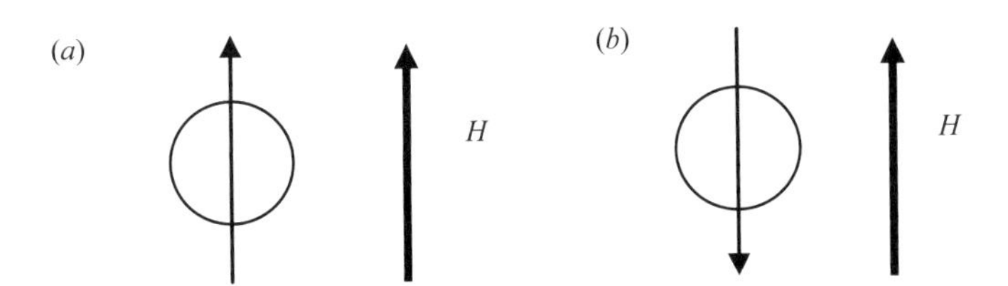

図 8-2 スピン磁気モーメントと外部磁場が平行(*a*)のとき、エネルギーは$-\mu_B H$となり、系のエネルギーが$\mu_B H$だけ低下して安定となる。(*b*)のように反平行のときには、エネルギーが$\mu_B H$だけ増加して不安定となる（この図では、あえて自転の向きは描いていない）。また、スピンと磁場の向きが直交する場合が、エネルギー 0（$-\vec{\boldsymbol{m}}\cdot\vec{\boldsymbol{H}}=0$）の点となる。

ネルギーは$\mu_B H$だけ増加し、不安定となる。

したがって、ボルツマン因子

$$\exp\left(-\frac{E}{k_B T}\right)$$

のエネルギーE項としては$-\mu_B H$と$+\mu_B H$の 2 準位となり、スピンの 1 粒子系の分配関数は

$$Z = \exp\left(\frac{\mu_B H}{k_B T}\right) + \exp\left(-\frac{\mu_B H}{k_B T}\right)$$

となる。

演習 8-1 スピンが平行および反平行となる確率が

$$p^+ = \frac{N_+}{N} = \frac{1}{Z}\exp\left(\frac{\mu_B H}{k_B T}\right) \qquad p^- = \frac{N_-}{N} = \frac{1}{Z}\exp\left(-\frac{\mu_B H}{k_B T}\right)$$

と与えられることを利用して、この系の磁化M（スピン磁気モーメントの総和）を求めよ。ただし、N_+は平行となるスピンの数、N_-は反平行となるスピンの数であり、格子点の総数をNとすると$N=N_+ + N_-$となる。

解） 系の磁化Mは、平行と反平行のスピン数の差に比例し

$$M = (N_+ - N_-)\mu_B$$

となる。ここで、$N_+ = Np^+, N_- = Np^-$であるから

$$M = N(p^+ - p^-)\mu_B = \frac{N\mu_B}{Z}\left\{\exp\left(\frac{\mu_B H}{k_B T}\right) - \exp\left(\frac{-\mu_B H}{k_B T}\right)\right\}$$

となる。

ここで、分配関数　$Z = \exp\left(\frac{\mu_B H}{k_B T}\right) + \exp\left(-\frac{\mu_B H}{k_B T}\right)$　を代入すれば、磁化 M は

$$M = N\mu_B \frac{\exp\left(\frac{\mu_B H}{k_B T}\right) - \exp\left(\frac{-\mu_B H}{k_B T}\right)}{\exp\left(\frac{\mu_B H}{k_B T}\right) + \exp\left(\frac{-\mu_B H}{k_B T}\right)}$$

と与えられる。

演習 8-2　双曲線関数の $\sinh\theta = \dfrac{\exp\theta - \exp(-\theta)}{2}$ および $\cosh\theta = \dfrac{\exp\theta + \exp(-\theta)}{2}$ を用いて、磁化 M を変形せよ。

解）　$\theta = \mu_B H / k_B T$　と置くと

$$M = N\mu_B \frac{\exp\theta - \exp(-\theta)}{\exp\theta + \exp(-\theta)} = N\mu_B \frac{\sinh\theta}{\cosh\theta} = N\mu_B \tanh\theta$$

となるので

$$M = N\mu_B \tanh\left(\frac{\mu_B H}{k_B T}\right)$$

となる。

演習 8-3　θ の値が 1 より十分小さい($\theta \ll 1$) とき $\tanh\theta \cong \theta$ という近似式が成立することを確かめよ。

解）　$\exp\theta$ の展開式は　$\exp\theta = 1 + \theta + \frac{1}{2}\theta^2 + \frac{1}{3!}\theta^3 + \ldots$ となるので、$\theta \ll 1$ のとき

$\exp\theta \cong 1+\theta$ と置けるから

$$\tanh\theta = \frac{\exp\theta - \exp(-\theta)}{\exp\theta + \exp(-\theta)} \cong \frac{(1+\theta)-(1-\theta)}{(1+\theta)+(1-\theta)} = \frac{2\theta}{2} = \theta$$

となる。

ここで、電子のスピン磁化モーメント (μ_B) は非常に小さいため、一般的に、磁場 (H) が大きくない場合

$$\mu_B H << k_B T \qquad \text{から} \qquad \frac{\mu_B H}{k_B T} << 1$$

が成立する。このとき

$$\tanh\left(\frac{\mu_B H}{k_B T}\right) \cong \frac{\mu_B H}{k_B T}$$

と置けるので、磁化 M は

$$M = N\frac{\mu_B{}^2 H}{k_B T}$$

となる。よって磁化率 (magnetic susceptibility) χ は

$$\chi = \frac{M}{H} = N\frac{\mu_B{}^2}{k_B T}$$

となる。常磁性体の磁化 M は、外部磁場 H に比例し、$M=\chi H$ という関係にある。この比例定数 χ を磁化率と呼んでいる。

このように、常磁性磁化率 (paramagnetic susceptibility) は温度に反比例する。キュリー[1]は、いろいろな物質の磁化率を調べる実験を行い、ある種のグループの磁化率が温度に反比例することを発見する。これを**キュリーの法則** (Curie's law) と呼んでいる。

ちなみに、この常磁性は英語では paramagnetism と呼ばれ、パラ磁性と呼ぶこともある。

---

[1] 有名なキュリー夫人(Marie Curie, 1867-1934)ではなく、その夫のピエール-キュリー(Pierre Curie, 1859-1906)である。彼も、物理分野で数々の偉大な功績を残している。強磁性転移点を彼の名にちなんで、キュリー温度と呼んでいる。

8. 2. 強磁性–相互作用のある系

鉄、ニッケル、コバルトでは、外部から磁場を印加しなくとも、電子のスピンがそろった状態が安定となり、永久磁石として作用する。このような性質を有する物質を強磁性体 (ferromagnetic material) と呼んでいる。

ところで、磁石の相互作用を見ればわかるように、2 個以上の磁石の極がそろった状態は安定ではなく、磁石は反転し、磁気回路が閉じた状態となる。これは、図 8-3 に示すようなミクロ磁石においても同様であり、一般には電子スピンがそろった状態は不安定となる。

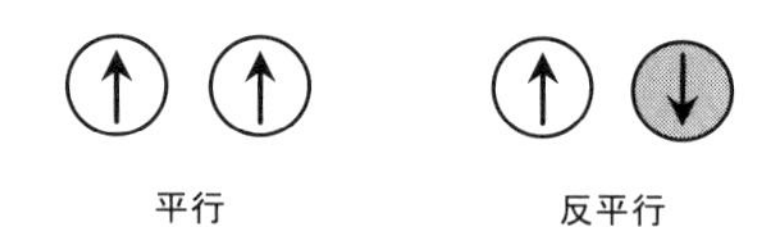

図 8-3 隣接する格子点のスピンの向き。一般には、互いに反平行の場合のエネルギーが低いが、量子力学的な交換相互作用によりスピンの向きがそろった場合にエネルギーが低下し安定となる場合もある。

ところが、強磁性を示す物質では、量子力学的な効果（交換相互作用[2]）により、隣接する格子点のスピンが平行となった状態のエネルギーが低下する。この結果、スピンがそろって永久磁石となるのである。これを**自発磁化** (spontaneous magnetization) と呼んでいる。

8. 2. 1. スピン関数

ここで、スピン関数σというものを導入しよう。その値を、スピンが上向きのときに+1、スピンが下向きのとき-1とし、この 2 つの値しかとらないものとする。つまり

[2] 量子力学的交換相互作用については、『なるほど量子力学 III』（海鳴社）に詳述されている。

$$\sigma_i = \begin{cases} +1 & \uparrow \text{up} \\ -1 & \downarrow \text{down} \end{cases}$$

となる。このようにスピン関数を定義すれば、1 スピンあたりの磁化のエネルギーは

$$-\sigma_i \mu_B H$$

と置くことができる。ただし、磁場の方向は、上向きスピンに平行とする。このとき、スピンが磁場の方向を向けば、$\sigma_i = +1$ となるので、磁化のエネルギーは $-\mu_B H$ のように負となり、安定となる。

さらに、J を交換相互作用エネルギーとし、σ_i と σ_k がとなりどうしの格子のスピン関数とすると

$$-J\sigma_i\sigma_k$$

と置ける。ここで、$J > 0$ ならば、スピンが互いに平行になったほうが安定となる。さらに、相互作用は、隣り合う格子点でしか働かないと仮定する。すると、交換相互作用を含めた系のエネルギーは

$$E = -J\sum_{(i,k)}\sigma_i\sigma_k - \mu_B H\sum_{i=1}^{N}\sigma_i$$

と与えられる。

ただし、第 1 項のシグマ記号の(i, k) は、隣り合うスピンの対について和をとるという意味である。この第 1 項が、相互作用項に相当する。

8. 2. 2. 1 次元イジング模型

イジング模型では、物質内の格子点において、スピンは上向きと下向きしかなく、相互作用は隣り合う格子のみに働くと仮定する。さらに、このようなスピンが 1 次元に配列したものを 1 次元イジング模型 (one dimensional Ising model) と呼ぶ（図 8-4 参照）。

ここで、1 次元イジング模型のスピン系において、磁場 H がない場合の系のエネルギーE を考えてみよう。

このとき、格子点が N 個からなる系のエネルギーは

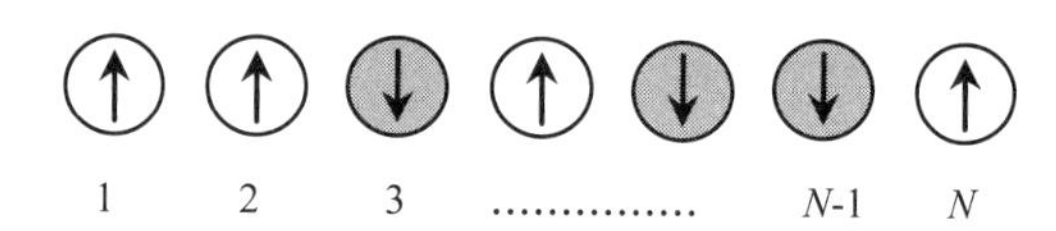

図 8-4 1次元イジング模型。格子が横一列に並んでおり、それぞれの格子点は上向きあるいは下向きのスピンを有する。スピン間の相互作用は、隣接する格子点のみに働く。

$$E = -J\sum_{i=1}^{N-1}\sigma_i\sigma_{i+1}$$

となる。よって、この系の分配関数は

$$Z = \exp\left(\frac{J}{k_B T}\sum_{i=1}^{N-1}\sigma_i\sigma_{i+1}\right) = \exp\left(\frac{J}{k_B T}(\sigma_1\sigma_2 + \sigma_2\sigma_3 + ... + \sigma_{N-1}\sigma_N)\right)$$

となる。

ただし、スピン関数は $\sigma_1 = \pm 1, \sigma_2 = \pm 1, ..., \sigma_N = \pm 1$ のように 2 種類の値をとることができるので、これを上記の和に反映させる必要がある。

ここで、煩雑さを避けるために $K = J/k_B T$ と置こう。すると、分配関数は

$$Z = \exp\left(K\sigma_1\sigma_2 + K\sigma_2\sigma_3 + ... + K\sigma_{N-1}\sigma_N\right)$$

となる。ここで、最後の項を分離すると

$$Z = \exp\left(K\sigma_1\sigma_2 + K\sigma_2\sigma_3 + ... + K\sigma_{N-2}\sigma_{N-1}\right)\exp(K\sigma_{N-1}\sigma_N)$$

と書ける。

そのうえで、最後の項 $\exp(K\sigma_{N-1}\sigma_N)$ に注目しよう。すると、$\sigma_N = \pm 1$ および $\sigma_{N-1} = \pm 1$ であるから $\sigma_{N-1}\sigma_N$ の値は $+1$ または -1 の 2 通りとなる。よって

$$\sum \exp(K\sigma_{N-1}\sigma_N) = \exp(K) + \exp(-K)$$

となる。これを使えば、分配関数は

$$Z = \exp\left(K\sigma_1\sigma_2 + K\sigma_2\sigma_3 + ... + K\sigma_{N-2}\sigma_{N-1}\right)\{\exp(K) + \exp(-K)\}$$

となる。

実際には、隣接格子点のスピン配列としては↑↑, ↑↓, ↓↓, ↓↑の 4 通りが可能であるが、エネルギー的には平行と反平行の 2 通りしかない。よって、分配関数に反映させるエネルギー準位も 2 通りとなる。

演習 8-4 つぎの項 $\exp(K\sigma_{N-2}\sigma_{N-1})$ における和 $\sum\exp(K\sigma_{N-2}\sigma_{N-1})$ の値を求め、さらに下降することで、スピン関数を含まない分配関数を計算せよ。

解) 考え方は同じである。$\sigma_{N-2}\sigma_{N-1}$ の値は $+1$ あるいは-1 のいずれかであるから

$$\sum\exp(K\sigma_{N-2}\sigma_{N-1})=\exp(K)+\exp(-K)$$

となるので

$$Z=\exp\left(K\sigma_1\sigma_2+K\sigma_2\sigma_3+...+K\sigma_{N-3}\sigma_{N-2}\right)\{\exp(K)+\exp(-K)\}^2$$

となる。この操作を続けていけば

$$Z=\exp\left(K\sigma_1\sigma_2+K\sigma_2\sigma_3+...+K\sigma_{N-4}\sigma_{N-3}\right)\{\exp(K)+\exp(-K)\}^3$$

から

$$Z=\exp\left(K\sigma_1\sigma_2\right)\{\exp(K)+\exp(-K)\}^{N-2}$$

となり、結局、最後は

$$Z=\{\exp(K)+\exp(-K)\}^{N-1}$$

となる。

よって、1 次元イジング模型の分配関数は

$$Z=\left\{\exp\left(\frac{J}{k_BT}\right)+\exp\left(-\frac{J}{k_BT}\right)\right\}^{N-1}$$

となる。

これを、別な視点でみてみよう。隣りあう一対の格子ペアにおいては、そのエネルギーはスピンが互いに平行のとき$-J$、反平行のとき J となる。よって、1 対の格子ペアの分配関数は

$$Z_1=\exp\left(\frac{J}{k_BT}\right)+\exp\left(-\frac{J}{k_BT}\right)$$

と与えられる。格子点の総数が N 個の系においては、対の数は $N-1$ 組あるから、

結局、系の分配関数は

$$Z = Z_1^{N-1} = \left\{ \exp\left(\frac{J}{k_B T} \right) + \exp\left(-\frac{J}{k_B T} \right) \right\}^{N-1}$$

と与えられることになる。こちらの導出方法のほうがはるかに簡単である。

さらに、$\cosh\theta = \dfrac{\exp\theta + \exp(-\theta)}{2}$ という関係を利用すれば、分配関数は

$$Z = \left\{ 2\cosh\left(\frac{J}{k_B T} \right) \right\}^{N-1}$$

と表記することもできる。

演習 8-5　格子点の総数が N 個からなる 1 次元イジング模型のスピン系における系のエネルギー E およびヘルムホルツ自由エネルギー F を求めよ。

解)　この系の分配関数は

$$Z = \left\{ 2\cosh\left(\frac{J}{k_B T} \right) \right\}^{N-1} = \left\{ 2\cosh(\beta J) \right\}^{N-1}$$

であるから

$$\ln Z = (N-1)\left[\ln\left\{ 2\cosh(\beta J) \right\} \right] = (N-1)\left[\ln\left\{ \cosh(\beta J) \right\} + \ln 2 \right]$$

となる。よって

$$E = -\frac{\partial(\ln Z)}{\partial\beta} = -(N-1)J\frac{\sinh(\beta J)}{\cosh(\beta J)} = -(N-1)J\tanh(\beta J) = -(N-1)J\tanh\left(\frac{J}{k_B T} \right)$$

となる。

また、自由エネルギーは

$$F = -k_B T \ln Z = -(N-1)k_B T\left[\ln\left\{ 2\cosh\left(\frac{J}{k_B T} \right) \right\} \right]$$

となる。

いま、考えている系は、単純に N 個の格子点が横に並んだものであるが、ここで周期性というものを考える。つまり、$N+1$ 番目の格子点のスピンが 1 番目の格子点と同じになるというものであり

$$\sigma_{N+1} = \sigma_1$$

となる。これを周期境界条件と呼んでいる。これに対し、上記の場合を自由境界条件と呼んでいる。自由境界では、端部が特異点となるが、周期境界条件下では、端を考える必要がなくなる。周期性のある結晶や、環状に格子がつながった場合に対応する。

そして、周期境界条件の場合、$\sigma_N \sigma_1$ という対も考える必要があり、結局、対の数は $N-1$ ではなく N となる。この結果

$$Z = Z_1{}^N = \left\{ \exp\left(\frac{J}{k_B T}\right) + \exp\left(-\frac{J}{k_B T}\right) \right\}^N = \left\{ 2\cosh\left(\frac{J}{k_B T}\right) \right\}^N$$

から

$$E = -\frac{\partial(\ln Z)}{\partial \beta} = -NJ\tanh\left(\frac{J}{k_B T}\right)$$

となり、自由エネルギーは

$$F = -k_B \ln Z = -Nk_B T\left[\ln\left\{ 2\cosh\left(\frac{J}{k_B T}\right) \right\} \right]$$

となる。

演習 8-6　周期境界条件を満足する N 個の格子点からなる 1 次元イジング模型スピン系における比熱を求めよ。

解）　この系のエネルギーは

$$E = -NJ\tanh\left(\frac{J}{k_B T}\right)$$

と与えられるので、比熱 C は

$$C = \frac{dE}{dT}$$

となるが、 $K = J/k_B T$ と置くと

$$\frac{dK}{dT} = -\frac{J}{k_B T^2}$$

であるから

$$C = \frac{dE}{dT} = -NJ\frac{d\tanh(K)}{dK}\frac{dK}{dT} = \frac{NJ^2}{k_B T^2}\frac{1}{\cosh^2(K)} = \frac{NJ^2}{k_B T^2}\frac{1}{\cosh^2\left(\frac{J}{k_B T}\right)}$$

$$= Nk_B\left(\frac{J}{k_B T}\right)^2\frac{1}{\cosh^2\left(\frac{J}{k_B T}\right)} = Nk_B\left(\frac{J}{k_B T}\right)^2\operatorname{sech}^2\left(\frac{J}{k_B T}\right)$$

となる。

ここで、比熱の温度依存性をプロットすると図 8-5 のようになる。

このように 1 次元イジング模型に基づくスピン系の比熱には、飛びなどの異常が見られない。これは、この系では相転移が存在しないことを示している。

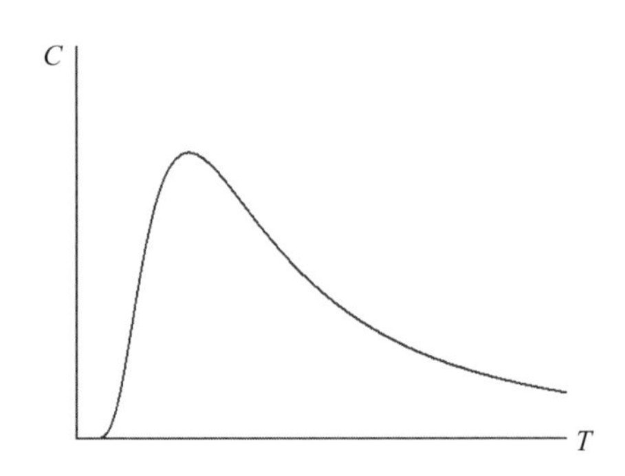

図 8-5　1 次元イジング模型スピン系の比熱の温度依存性

ところで、自由境界と周期境界条件の場合のエネルギーは、それぞれ

$$E = -(N-1)J\tanh\left(\frac{J}{k_B T}\right) \qquad E = -NJ\tanh\left(\frac{J}{k_B T}\right)$$

となり、N と $N-1$ だけの違いである。実は、統計力学が対象とする系では、粒子数 N が莫大であるから、$N-1$ の 1 は無視してよいと考えられる。したがって、N が大きい場合、これらはほぼ同等と考えて良いのである。

8. 2. 3. 磁場がある場合のイジングモデル

それでは、磁場がある場合のスピン系を解析してみよう。周期境界条件が課されているものとすると、系のエネルギーは

$$E = -J\sum_{i=1}^{N}\sigma_i\sigma_{i+1} - \mu_B H\sum_{i=1}^{N}\sigma_i$$

と与えられる。周期境界条件を導入したことで、シグマ記号の和が $N-1$ から N になることに注意されたい。ここで、和の成分を取り出せば

$$E = (-J\sigma_1\sigma_2 - \mu_B H\sigma_1) + (-J\sigma_2\sigma_3 - \mu_B H\sigma_2) + (-J\sigma_3\sigma_4 - \mu_B H\sigma_3) + \\ \ldots + (-J\sigma_N\sigma_{N+1} - \mu_B H\sigma_N)$$

となる。周期境界条件 $\sigma_{N+1} = \sigma_1$ から

$$E = (-J\sigma_1\sigma_2 - \mu_B H\sigma_1) + (-J\sigma_2\sigma_3 - \mu_B H\sigma_2) + (-J\sigma_3\sigma_4 - \mu_B H\sigma_3) + \\ \ldots + (-J\sigma_N\sigma_1 - \mu_B H\sigma_N)$$

となる。

ここで、少し工夫をしよう。$-\mu_B H\sigma_i$ の項を前後に 1/2 ずつ分配するのである。すると

$$E = \left(-J\sigma_1\sigma_2 - \mu_B H\frac{\sigma_1+\sigma_2}{2}\right) + \left(-J\sigma_2\sigma_3 - \mu_B H\frac{\sigma_2+\sigma_3}{2}\right) + \\ \ldots + \left(-J\sigma_N\sigma_1 - \mu_B H\frac{\sigma_N+\sigma_1}{2}\right)$$

と変形することができ、シグマ記号でまとめると

$$E = -\sum_{i=1}^{N}\left[J\sigma_i\sigma_{i+1} + \mu_B H\frac{\sigma_i+\sigma_{i+1}}{2}\right]$$

という和に表すことができる。よって、分配関数は

$$Z = \exp\left\{\frac{1}{k_B T}\sum_{i=1}^{N}\left[J\sigma_i\sigma_{i+1} + \mu_B H\frac{\sigma_i + \sigma_{i+1}}{2}\right]\right\}$$

となる。ただし、σ_i と σ_{i+1} は、ともに ±1 の値をとることができるので、これを取り入れたかたちでの和をとるためには工夫が必要となる。

さらに、$K = J / k_B T$, $h = \mu_B H / k_B T$ と置くと

$$Z = \exp\left\{\sum_{i=1}^{N}\left(K\sigma_i\sigma_{i+1} + h\frac{\sigma_i + \sigma_{i+1}}{2}\right)\right\}$$

となる。これは成分で書けば

$$Z = \exp\left(K\sigma_1\sigma_2 + h\frac{\sigma_1 + \sigma_2}{2}\right)\exp\left(K\sigma_2\sigma_3 + h\frac{\sigma_2 + \sigma_3}{2}\right)\ldots\exp\left(K\sigma_N\sigma_1 + h\frac{\sigma_N + \sigma_1}{2}\right)$$

という積となる。ここで、積の成分である i 番目と $i+1$ 番目からなる組合せの

$$\sum_{\sigma_i=\pm1}\sum_{\sigma_{i+1}=\pm1}\exp\left(K\sigma_i\sigma_{i+1} + h\frac{\sigma_i + \sigma_{i+1}}{2}\right)$$

という一般項に着目してみよう。

このとき、σ_i は+1 と -1 のいずれかであり、σ_{i+1} も+1 と -1 のいずれかの値をとる。したがって、この項に対応する成分は 4 個となる。これは、スピン配列では　↑↑　↑↓　↓↓　↓↑　の 4 種類に対応する。

実は、これらスピン系の分配関数の取り扱いにおいては、線形代数の手法をうまく利用すると計算が簡単になることが知られている。そこで、そのための準備をしていく。

まず、σ_i は+1 と -1 という 2 個の成分を有するので、それぞれを 2 次元基底ベクトルの (1, 0) および (0, 1) に対応させてみよう。

$$\sigma_i \to +1 : (1 \quad 0) \text{ or } -1 : (0 \quad 1)$$

これらは、次のような縦ベクトル

$$\sigma_i \to +1 : \begin{pmatrix} 1 \\ 0 \end{pmatrix} \text{ or } -1 : \begin{pmatrix} 0 \\ 1 \end{pmatrix}$$

として表示してもよい。もちろん、ベクトルとする必然性はないが、今後の展開のために、このような準備をしておく。σ_{i+1} も同様である。ちなみに、線形代数の手法を使うために、横ベクトルは $\langle\sigma_i|$ と、たてベクトルは $|\sigma_i\rangle$ と表示する。これらは、ブラベクトル (bra vector) およびケットベクトル (ket vector) と呼ばれ

るディラック流の表示方法であり、量子力学の演算に便利である。

例えば、横と縦ベクトルの積をとれば

$$\langle\sigma_i|\sigma_i\rangle=(1\ 0)\begin{pmatrix}1\\0\end{pmatrix}=1 \qquad \langle\sigma_i|\sigma_i\rangle=(0\ 1)\begin{pmatrix}0\\1\end{pmatrix}=1$$

となるが、これは内積となる。一方、$|\sigma_i\rangle\langle\sigma_i|$ は

$$|\sigma_i\rangle\langle\sigma_i|=\begin{pmatrix}1\\0\end{pmatrix}(1\ 0)=\begin{pmatrix}1&0\\0&0\end{pmatrix} \qquad |\sigma_i\rangle\langle\sigma_i|=\begin{pmatrix}0\\1\end{pmatrix}(0\ 1)=\begin{pmatrix}0&0\\0&1\end{pmatrix}$$

となり 2 行 2 列の行列となる。

演習 8-7　相互作用のあるイジング模型の分配関数の一般項である

$$\sum_{\sigma_i=\pm1}\sum_{\sigma_{i+1}=\pm1}\exp\left(K\sigma_i\sigma_{i+1}+h\frac{\sigma_i+\sigma_{i+1}}{2}\right)$$

の値を求めよ。

解）　(σ_i, σ_{i+1}) の組み合わせとしては

$$(1, 1), (1, -1), (-1, 1), (-1, -1)$$

の 4 通りが考えられる。これらに対応した値を計算すると

$(1, 1)$ ↑↑のとき

$$\exp\left(K\sigma_i\sigma_{i+1}+h\frac{\sigma_i+\sigma_{i+1}}{2}\right)=\exp(K+h)$$

$(1, -1)$ ↑↓のとき

$$\exp\left(K\sigma_i\sigma_{i+1}+h\frac{\sigma_i+\sigma_{i+1}}{2}\right)=\exp(-K)$$

$(-1, 1)$ ↓↑のとき

$$\exp\left(K\sigma_i\sigma_{i+1}+h\frac{\sigma_i+\sigma_{i+1}}{2}\right)=\exp(-K)$$

$(-1,-1)$ ↓↓のとき

$$\exp\left(K\sigma_i\sigma_{i+1}+h\frac{\sigma_i+\sigma_{i+1}}{2}\right)=\exp(K-h)$$

となる。

ここで、つぎのような行列をつくってみよう。

$$\tilde{T} = \begin{pmatrix} \exp(K+h) & \exp(-K) \\ \exp(-K) & \exp(K-h) \end{pmatrix}$$

このとき、T の上に冠した~はチルダ記号と呼ばれるもので、T が変数ではなく行列であることを示すために付したものである。

行列要素の(σ_i, σ_{i+1}) の組み合わせは

$$\begin{pmatrix} (1,\ \ 1) & (1,\ -1) \\ (-1,\ 1) & (-1,-1) \end{pmatrix}$$

という対応となる。この行列を**転送行列** (transfer matrix) と呼んでいる。それは、つぎに示すように、i 番目と i+1 番目をつなぐ役目

$$\langle \sigma_i | \tilde{T} | \sigma_{i+1} \rangle$$

をしているからである。それでは、この行列演算を進めてみよう。

演習 8-8 $\tilde{T}|\sigma_{i+1}\rangle$を計算せよ。

解) σ_{i+1} の値は 1 または−1 である。ここで、σ_{i+1}=1 のとき、対応するベクトルは$|\sigma_{i+1}\rangle = \begin{pmatrix} 1 \\ 0 \end{pmatrix}$ であるから

$$\tilde{T}|\sigma_{i+1}\rangle = \begin{pmatrix} \exp(K+h) & \exp(-K) \\ \exp(-K) & \exp(K-h) \end{pmatrix} \begin{pmatrix} 1 \\ 0 \end{pmatrix} = \begin{pmatrix} \exp(K+h) \\ \exp(-K)) \end{pmatrix}$$

と与えられる。

σ_{i+1} =−1 のとき、対応するベクトルは$|\sigma_{i+1}\rangle = \begin{pmatrix} 0 \\ 1 \end{pmatrix}$ であるから

$$\tilde{T}|\sigma_{i+1}\rangle = \begin{pmatrix} \exp(K+h) & \exp(-K) \\ \exp(-K) & \exp(K-h) \end{pmatrix} \begin{pmatrix} 0 \\ 1 \end{pmatrix} = \begin{pmatrix} \exp(-K) \\ \exp(K-h) \end{pmatrix}$$

となる。

演習 8-9 演習 8-7 の演算結果を利用して、$\langle \sigma_i | \tilde{T} | \sigma_{i+1} \rangle$ の値を求めよ。

解） $\sigma_i = 1$ のとき $\langle \sigma_i | = (1 \;\; 0)$ であるから

$$\langle \sigma_i | \tilde{T} | \sigma_{i+1} \rangle = (1 \;\; 0)\begin{pmatrix} \exp(K+h) \\ \exp(-K) \end{pmatrix} = \exp(K+h)$$

となるが、これは$(\sigma_i, \sigma_{i+1}) = (1, 1)$に対応する。また

$$\langle \sigma_i | \tilde{T} | \sigma_{i+1} \rangle = (1 \;\; 0)\begin{pmatrix} \exp(-K) \\ \exp(K-h) \end{pmatrix} = \exp(-K)$$

は$(\sigma_i, \sigma_{i+1}) = (1, -1)$に対応する。

つぎに$\sigma_i = -1$ のとき $\langle \sigma_i | = (0 \;\; 1)$ であるから

$$\langle \sigma_i | \tilde{T} | \sigma_{i+1} \rangle = (0 \;\; 1)\begin{pmatrix} \exp(K+h) \\ \exp(-K) \end{pmatrix} = \exp(-K)$$

となるが、これは$(\sigma_i, \sigma_{i+1}) = (-1, 1)$に対応する。また

$$\langle \sigma_i | \tilde{T} | \sigma_{i+1} \rangle = (0 \;\; 1)\begin{pmatrix} \exp(-K) \\ \exp(K-h) \end{pmatrix} = \exp(K-h)$$

は$(\sigma_i, \sigma_{i+1}) = (-1, -1)$となる。

したがって

$$\sum_{\sigma_i = \pm 1} \sum_{\sigma_{i+1} = \pm 1} \langle \sigma_i | \tilde{T} | \sigma_{i+1} \rangle$$

を計算すれば、すべてのエネルギー状態が網羅されている。よって、スピン関数が $\sigma_1 = \pm 1, \sigma_2 = \pm 1, ..., \sigma_N = \pm 1$ のように 2 種類の値を取り得るということを踏まえてエネルギー状態の和を行列演算を利用して求めれば、分配関数が

$$Z = \sum_{\sigma_1 = \pm 1} \cdots \sum_{\sigma_N = \pm 1} \sum_{\sigma_{N+1} = \pm 1} \langle \sigma_1 | \tilde{T} | \sigma_2 \rangle \langle \sigma_2 | \tilde{T} | \sigma_3 \rangle \langle \sigma_3 | \tilde{T} | \sigma_4 \rangle$$

$$\cdots \langle \sigma_{N-1}|\tilde{T}|\sigma_N\rangle \langle \sigma_N|\tilde{T}|\sigma_{N+1}\rangle$$

という演算式によって与えられることになる。

ここで、行列 $\tilde{T}$ と $\tilde{T}$ の間に $|\sigma_2\rangle\langle\sigma_2|$, $|\sigma_3\rangle\langle\sigma_3|$,…という演算が挿入されていることに気づく。実は、これら演算は

$$\sum_{\sigma_i=\pm 1} |\sigma_i\rangle\langle\sigma_i| = \begin{pmatrix} 1 \\ 0 \end{pmatrix}(1\ 0) + \begin{pmatrix} 0 \\ 1 \end{pmatrix}(0\ 1) = \begin{pmatrix} 1 & 0 \\ 0 & 0 \end{pmatrix} + \begin{pmatrix} 0 & 0 \\ 0 & 1 \end{pmatrix} = \begin{pmatrix} 1 & 0 \\ 0 & 1 \end{pmatrix}$$

となり、すべての i に対して、単位行列となる。

したがって、上記の行列ベクトル演算は簡単化され

$$Z = \sum_{\sigma_1=\pm 1} \cdots \sum_{\sigma_{N+1}=\pm 1} \langle \sigma_1|\tilde{T}^N|\sigma_{N+1}\rangle = \sum_{\sigma_1=\pm 1} \langle \sigma_1|\tilde{T}^N|\sigma_1\rangle$$

と実に簡単なかたちとなる。実は、この結果をえるために、行列を利用したのである。さらに、最後の式は

$$\sum_{\sigma_1=\pm 1} \langle \sigma_1|\tilde{T}^N|\sigma_1\rangle = (1\ 0)\tilde{T}^N \begin{pmatrix} 1 \\ 0 \end{pmatrix} + (0\ 1)\tilde{T}^N \begin{pmatrix} 0 \\ 1 \end{pmatrix}$$

となるが、 $\tilde{T}^N = \begin{pmatrix} T_{N11} & T_{N12} \\ T_{N21} & T_{N22} \end{pmatrix}$ と置くと

$$(1\ 0)\tilde{T}^N \begin{pmatrix} 1 \\ 0 \end{pmatrix} + (0\ 1)\tilde{T}^N \begin{pmatrix} 0 \\ 1 \end{pmatrix} = T_{N11} + T_{N22}$$

となって、対角成分の和、すなわち、トレース（trace: Tr という表記を使い、対角和とも呼ぶ）となる。ところで

$$\tilde{T} = \begin{pmatrix} \exp(K+h) & \exp(-K) \\ \exp(-K) & \exp(K-h) \end{pmatrix}$$

であったので

$$\tilde{T}^N = \begin{pmatrix} \exp(K+h) & \exp(-K) \\ \exp(-K) & \exp(K-h) \end{pmatrix} \cdots \begin{pmatrix} \exp(K+h) & \exp(-K) \\ \exp(-K) & \exp(K-h) \end{pmatrix}$$

$$= \begin{pmatrix} \exp(K+h) & \exp(-K) \\ \exp(-K) & \exp(K-h) \end{pmatrix}^N$$

を計算して、そのトレース（対角和）をとれば、それが分配関数となる。結局、

$$Z = \mathrm{Tr}(\tilde{T}^N)$$

と与えられることになる。

ただし、行列の N 乗を求める計算は大変面倒である。そこで、ふたたび線形代数の手法を用いる。行列 $\tilde{T}$ は**実対称行列** (real symmetric matrix) であるから、適当な**直交行列** (orthogonal matrix): $\tilde{U}$ を用いて対角化 (diagonalization) することができ

$$\tilde{S} = \tilde{U}^{-1}\tilde{T}\tilde{U} = \begin{pmatrix} \lambda_1 & 0 \\ 0 & \lambda_2 \end{pmatrix}$$

となることが知られている。ただし、λ_1 と λ_2 は行列 $\tilde{T}$ の**固有値** (eigenvalues) となる。こうすれば、行列の N 乗は簡単となり

$$\tilde{S}^N = \tilde{U}^{-1}\tilde{T}^N\tilde{U} = \begin{pmatrix} \lambda_1 & 0 \\ 0 & \lambda_2 \end{pmatrix}^N = \begin{pmatrix} \lambda_1^N & 0 \\ 0 & \lambda_2^N \end{pmatrix}$$

と与えられる。そのうえで

$$\tilde{T}^N = \tilde{U}\tilde{S}^N\tilde{U}^{-1} = \tilde{U}\begin{pmatrix} \lambda_1^N & 0 \\ 0 & \lambda_2^N \end{pmatrix}\tilde{U}^{-1}$$

という変換をすれば、$\tilde{T}^N$ を求めることができる。

このためには、直交行列 $\tilde{U}$ を求める必要があるが、実は、対角和には

$$\mathrm{Tr}(\tilde{T}^N) = \mathrm{Tr}(\tilde{U}^{-1}\tilde{T}^N\tilde{U})$$

という性質があるので

$$Z = \mathrm{Tr}(\tilde{T}^N) = \lambda_1^N + \lambda_2^N$$

と与えられ、対角化をしなくとも、行列 $\tilde{T}$ の固有値さえ求められれば、分配関数がえられることになる。

演習 8-10 つぎの行列の固有値を求めよ。

$$\tilde{T} = \begin{pmatrix} \exp(K+h) & \exp(-K) \\ \exp(-K) & \exp(K-h) \end{pmatrix}$$

解) 固有ベクトルを $|x\rangle = \begin{pmatrix} x_1 \\ x_2 \end{pmatrix}$ とし、固有値を λ とすると

$$\tilde{T}|x\rangle = \lambda|x\rangle = \begin{pmatrix} \lambda & 0 \\ 0 & \lambda \end{pmatrix}|x\rangle$$

という関係にある。したがって

$$\begin{pmatrix} \exp(K+h) & \exp(-K) \\ \exp(-K) & \exp(K-h) \end{pmatrix}|x\rangle = \begin{pmatrix} \lambda & 0 \\ 0 & \lambda \end{pmatrix}|x\rangle$$

から

$$\begin{pmatrix} \exp(K+h)-\lambda & \exp(-K) \\ \exp(-K) & \exp(K-h)-\lambda \end{pmatrix}|x\rangle = \begin{pmatrix} 0 \\ 0 \end{pmatrix}$$

となる。この連立方程式が $|x\rangle = \begin{pmatrix} 0 \\ 0 \end{pmatrix}$ という自明解以外の解を持つ条件は、係数行列の行列式が 0 となることである。よって

$$\begin{vmatrix} \exp(K+h)-\lambda & \exp(-K) \\ \exp(-K) & \exp(K-h)-\lambda \end{vmatrix} = 0$$

が条件となる。左辺を展開すると

$$\{\exp(K+h)-\lambda\}\{\exp(K-h)-\lambda\} - \{\exp(-K)\}^2 = 0$$

となり

$$\lambda^2 - \exp(K)\{\exp(h)+\exp(-h)\}\lambda + \exp(2K) - \exp(-2K) = 0$$

これは、λに関する 2 次方程式なので、その解は

$$\lambda = \frac{1}{2}e^K(e^h + e^{-h}) \pm \frac{1}{2}\sqrt{e^{2K}(e^h + e^{-h})^2 - 4(e^{2K} - e^{-2K})}$$

となる。

したがって

$$\lambda_1 = \frac{1}{2}e^K(e^h + e^{-h}) + \frac{1}{2}\sqrt{e^{2K}(e^h + e^{-h})^2 - 4(e^{2K} - e^{-2K})}$$

$$\lambda_2 = \frac{1}{2}e^K(e^h + e^{-h}) - \frac{1}{2}\sqrt{e^{2K}(e^h + e^{-h})^2 - 4(e^{2K} - e^{-2K})}$$

の 2 個が固有値となり、分配関数は

$$Z = \lambda_1^{\ N} + \lambda_2^{\ N}$$

となる。

ただし、$K = J / k_B T$, $h = \mu_B H / k_B T$ である。逆温度$\beta = 1/k_B T$を使えば、$K = \beta J$, $h = \beta \mu_B H$ となる。

演習 8-11 磁場がある場合に求めた 1 次元イジング模型の分配関数において、磁場がない場合 $H = 0$ 、すなわち $h = 0$ とした分配関数を求めよ。

解） $h = 0$ のとき、λ_1, λ_2 はそれぞれ

$$\lambda_1 = \frac{1}{2} e^K (e^h + e^{-h}) + \frac{1}{2} \sqrt{e^{2K} (e^h + e^{-h})^2 - 4(e^{2K} - e^{-2K})}$$

$$= e^K + \frac{1}{2} \sqrt{4e^{2K} - 4(e^{2K} - e^{-2K})} = e^K + e^{-K}$$

$$\lambda_2 = \frac{1}{2} e^K (e^h + e^{-h}) - \frac{1}{2} \sqrt{e^{2K} (e^h + e^{-h})^2 - 4(e^{2K} - e^{-2K})}$$

$$= e^K - \frac{1}{2} \sqrt{4e^{2K} - 4(e^{2K} - e^{-2K})} = e^K - e^{-K}$$

となるので、分配関数は

$$Z = (e^K + e^{-K})^N + (e^K - e^{-K})^N$$

となる。

ところで、最初から磁場がないとして求めた場合の分配関数は

$$Z = \{\exp(K) + \exp(-K)\}^N = (e^K + e^{-K})^N$$

であった。一方、今求めた分配関数は

$$Z = \{\exp(K) + \exp(-K)\}^N + \{\exp(K) - \exp(-K)\}^N$$
$$= (e^K + e^{-K})^N + (e^K - e^{-K})^N$$

となって、違った結果となっている。

この点を少し考えてみよう。$Z = \lambda_1{}^N + \lambda_2{}^N$ という表記を採用すれば

$$\lambda_1 = \exp(K) + \exp(-K) \qquad \lambda_2 = \exp(K) - \exp(-K)$$

となる。ここで

$$Z = \lambda_1^{\ N} + \lambda_2^{\ N} = \lambda_1^{\ N}\left\{1 + \left(\frac{\lambda_2}{\lambda_1}\right)^N\right\}$$

と変形できるが

$$\frac{\lambda_2}{\lambda_1} = \frac{\exp(K) - \exp(-K)}{\exp(K) + \exp(-K)} < 1$$

であるので、$N \to \infty$ で $\left(\frac{\lambda_2}{\lambda_1}\right)^N \to 0$ となるから

$$Z = \lambda_1^{\ N} + \lambda_2^{\ N} = \lambda_1^{\ N}\left\{1 + \left(\frac{\lambda_2}{\lambda_1}\right)^N\right\} \to \lambda_1^{\ N}$$

となることがわかる。統計力学で扱う現象は N が莫大であるから、結局

$$Z \cong \lambda_1^{\ N} = (e^K + e^{-K})^N$$

として良いことになる。これならば両者は一致する。

別な視点で、この問題を見てみよう。すでに紹介したように、隣接する格子点におけるスピン配列としては

↑↑,　↑↓,　↓↓,　↓↑

の4通りが可能である。ただし、磁場がない場合、エネルギー的には、平行の場合と反平行の場合の2準位しかない。一方、磁場がある場合、(↑↑)と(↓↓)は、明らかにエネルギー準位が異なる。磁場がある場合の解析結果には、この影響として $K+h$ と $K-h$ を反映したものとなっているのである。

つまり、磁場があることを前提とした解析では、磁場がない場合には区別できない上向きスピン状態(↑↑)と、下向きスピン状態(↓↓)を区別して解析したため、余分な項がついているのである。

第 9 章　相転移

強磁性体 (ferromagnetic material) には、**キュリー点** (Curie point) という温度が存在し、それ以下の温度では、スピンの向きがそろう強磁性秩序 (ferromagnetic order) を示すが、それより高温では秩序を失ってスピンはバラバラとなり常磁性体 (paramagnetic material) となる。

このように、物質の状態が変化する現象を**相転移** (phase transition) と呼んでおり、状態が変化する臨界の温度を**相転移温度** (phase transition temperature) と呼んでいる。相転移が生じるのは、粒子間に相互作用があるからである。相転移の例としては、固体の氷が、液体の水に変わり、さらに、気体の水蒸気になる変化などもある。

一般に、相転移温度では熱力学変数が変化し、例えば、比熱に不連続点が生じる。ところで、第 8 章の 1 次元イジング模型 (one dimensional Ising model) の解析結果を見ると、このような相転移現象は観察されない。

実は、2 次元以上のイジング模型では、相転移が生じることがわかっている。そこで、次元が高いイジング模型を用いてスピン系の解析を進めていく。

9. 1.　自発磁化

格子点が 2 次元以上の空間点な拡がりを有し、それぞれの格子点では上向きと下向きのスピンがあるとしよう。ここでは、交換相互作用によって隣どうしのスピンが同じ方向を向くとき、J だけエネルギーが低下する($-J$)と仮定する。また、互いに相互作用を及ぼし合うのは隣接している格子点に限られるものとする。1 次元イジングモデルでは、図 9-1 に示すように、スピンの向きが 1 個反転した場合、その両隣りの格子点とのエネルギーがそれぞれ J だけ上昇するので、結局、

図 9-1 1次元イジング模型における格子間の相互作用。交換相互作用は隣接するスピン間にのみ働く。

$2J$ だけエネルギーが上昇し、不安定となる。

さらに、反転スピンの数が増えて、図 9-2 のようになったとしても、エネルギーの上昇は $2J$ と変わらないので、エネルギー変化が生じない。これが、1 次元イジング模型では相転移が生じない原因である。

図 9-2 1次元イジング模型において、反転スピンのドメインが増加した場合の模式図。

これが 2 次元モデルではどうなるであろうか。1 次元イジング模型では、隣接格子点は左右の 2 個しかないが、2 次元の格子点では、上下左右を含めて 4 個の隣接格子点を有することになる。この数を**配位数** (coordination number: C_N) と呼ぶ。1 次元格子の配位数は $C_N = 2$、2 次元格子の配位数は $C_N = 4$、そして 3 次元格子の配位数は $C_N = 6$ となる。

ここで、図 9-3 に示すように、2 次元格子において、すべての格子点が上向きスピンの状態から 1 個の格子のスピンが反転したとしよう。すると、隣接する 4 個の格子点との相互作用により $4J$ だけエネルギーが上昇することになる。

つぎに、図 9-4 に示すように、2 次元格子において、すべての格子点が上向きスピンの状態から 2 個の格子のスピンが反転したとしよう。すると、この場合は、隣接する 6 個の格子点との相互作用により $6J$ だけエネルギーが上昇することになる。

このように、1 次元系では、スピンが反転する領域が増えても、エネルギーは変化しないが、2 次元以上の系では、スピン反転領域が増大すると、エネルギー

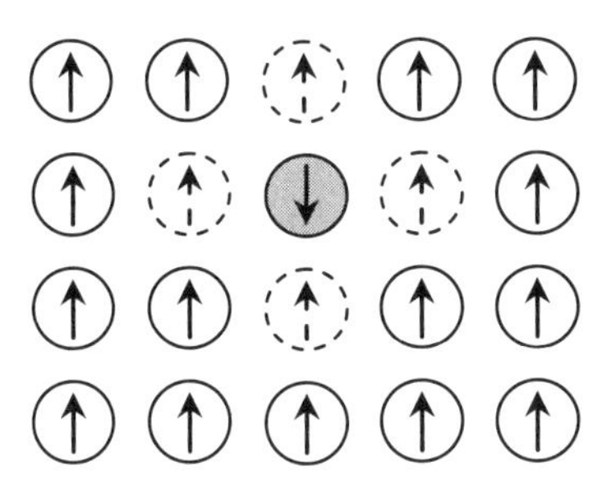

図 9-3　2 次元イジング模型のスピン配列。1 個のスピンが反転すると、隣接する 4 個の格子点との相互作用により $4J$ だけエネルギーが上昇する。

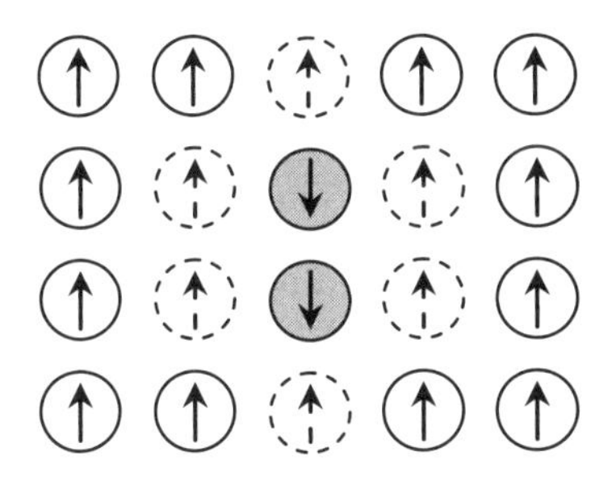

図 9-4　2 次元イジング模型において 2 個のスピンが反転した様子

が変化する。これが、相変態が生じる理由である。

ここで、格子点のスピン関数をσ_iとしよう。イジングモデルでは、$\sigma_i = \pm 1$ となり、上向きスピン↑が+1、下向きスピン↓が−1 となる。このとき、スピン系の全エネルギーは

$$E = -J\sum_{(i,k)}\sigma_i\sigma_k - \mu_B H\sum_{i=1}^{N}\sigma_i$$

となる。この式は、第 8 章で紹介した 1 次元の場合と表式は変わらない。ここで、k は注目している格子点 i に隣接する格子点であり、2 次元格子では $C_N = 4$ であるので 4 個の和を取ることになる。そしてσ_i とσ_kが同符号のときは$\sigma_i\sigma_k = +1$ と

なり$-J$となる。

演習 9-1 2 次元イジングモデル模型のスピン配列に対応した分配関数を求めよ。

解) とりうるエネルギー状態を E_r とすると、この系のスピン配列に関する分配関数は

$$Z = \sum_r \exp\left(-\frac{E_r}{k_B T}\right) = \sum_r \exp(-\beta E_r)$$

となる。

上記のエネルギーを代入すると

$$Z = \exp(-\beta E) = \exp\left(\beta J \sum_{(i,j)} \sigma_i \sigma_j\right) \exp\left(\beta \mu_B H \sum_{i=1}^{N} \sigma_i\right)$$

となる。

ここで、格子点のなかの 1 点である i サイトのスピンに注目し、そのエネルギーを考えよう。すると、局所的なエネルギーは

$$\varepsilon_i = -J \sum_{k=1}^{C_N} \sigma_k \sigma_i - \mu_B H \sigma_i$$

と与えられる。ただし、C_N は配位数、σ_k は i サイトに隣接する格子点のスピン関数である。

ここで、ε_i に関して、つぎのような置き換えをしてみる。

$$\varepsilon_i = -\mu_B H_{eff} \sigma_i$$

このとき

$$H_{eff} = H + H_{in} = H + \frac{J}{\mu_B} \sum_{k=1}^{C_N} \sigma_k$$

という関係にある。H_{eff} は、いわば**有効磁場** (effective magnetic field) であり、外部磁場 (external field) : H と格子点のまわりのスピンの影響による磁場、つまり

内部磁場 (internal field) : H_{in} を合成したものと考えられる。つまり、有効磁場は i サイトにある格子点が感じる磁場となる。

ここで、第 8 章で紹介したスピン系の磁化を思い出してみよう。外部磁場 H が印加された場合、N 個からなる粒子系の磁化 M は

$$M = N\mu_B \tanh\left(\frac{\mu_B H}{k_B T}\right)$$

と与えられる。ここで、i サイトにある格子点の磁化を $\mu_B m$ とする。このとき、m は、この点での有効スピン関数と考えられる。(後ほど紹介するように m は秩序パラメータと呼ばれるものである)。

ここで大胆な仮定をする。それは、m は上式の H に有効磁場 H_{eff} を代入し、さらに N で除した

$$\mu_B m = \frac{M}{N} = \mu_B \tanh\left(\frac{\mu_B H_{eff}}{k_B T}\right)$$

によって与えられると仮定するのである。つまり、局所的な磁化（各格子点の磁化 $\mu_B m$）は、マクロな磁化 M の平均、つまり格子点の数 N で除すことで与えられるという仮定である。これを**平均場近似** (mean field approximation) と呼んでいる。分子場近似と呼ぶこともある。

さらに、つぎのような仮定をしよう。それは

$$\mu_B m = \frac{\mu_B}{C_N}\sum_{k=1}^{C_N}\sigma_k \qquad\qquad m = \frac{1}{C_N}\sum_{k=1}^{C_N}\sigma_k$$

と考えるのである。

これは、i サイトの平均磁化 $\mu_B m$ は、隣接する格子点の磁化（スピン磁気モーメント）を足し合わせたものを格子点の数 C_N で割った平均によって与えられるとみなすものである。つまり、隣接スピンには、外部磁場の影響も含まれており、その結果として平均の m が与えられるという考えである。

演習 9-2　スピン系の平均場近似において、$m = \dfrac{1}{C_N}\sum_{k=1}^{C_N}\sigma_k$ とみなした場合の m に関する方程式を求めよ。

解） $\mu_B m = \mu_B \tanh\left\{\dfrac{\mu_B H_{eff}}{k_B T}\right\} = \mu_B \tanh\left\{\dfrac{\mu_B}{k_B T}\left(H + \dfrac{J}{\mu_B}\sum_{k=1}^{C_N}\sigma_k\right)\right\}$

から

$$m = \tanh\left\{\frac{\mu_B}{k_B T}\left(H + \frac{J}{\mu_B}\sum_{k=1}^{C_N}\sigma_k\right)\right\}$$

として $mC_N = \sum_{k=1}^{C_N}\sigma_k$ から

$$m = \tanh\left\{\frac{\mu_B}{k_B T}\left(H + \frac{C_N J m}{\mu_B}\right)\right\}$$

という方程式ができる。

よって、この方程式を解けば m が与えられることになる。ところで、この式のように両辺に変数 m が入った式を**自己無撞着方程式** (self consistent equation) と呼んでいる。

ここでは、磁場がない場合を考えてみる。$H = 0$ であるから

$$m = \tanh\left(\frac{C_N J m}{k_B T}\right)$$

という方程式となる。実は、一般には、自己無撞着方程式を解析的に解くことはできない。それでは、どうするかというと、グラフを利用して解を求める。図 9-5 に示すように

$$y=m \qquad と \qquad y = \tanh\left(\frac{C_N J m}{k_B T}\right)$$

のふたつのグラフを m-y 座標に描く。すると、その交点の m 座標が解となるのである。

まず、これらグラフは、常に $m = 0$ に交点を有することがわかる。つまり、$m = 0$ がひとつの解となる。これは、マクロ磁化のない状態 $M = 0$ に対応する。外部磁場がないのであるから、上向きスピンと下向きスピンが同数ということに対応している。少し、考えれば当たり前である。われわれが興味のあるのは、これ以外の解が存在するかどうかである。

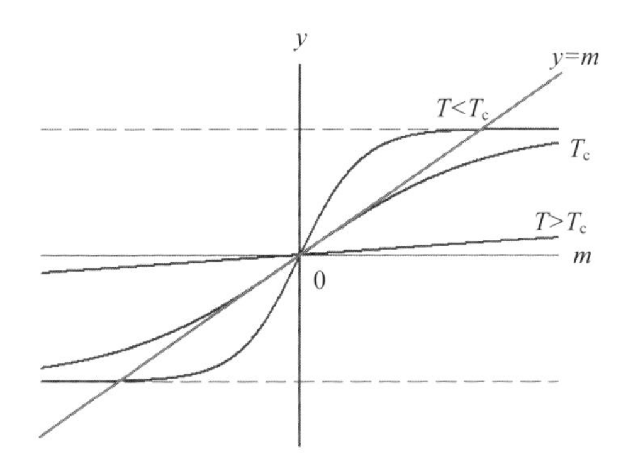

図 9-5　$y = \tanh(C_N Jm/k_B T)$ と $y = m$ のグラフ

実は、図 9-5 に示すように、温度 T によって $y = \tanh(C_N Jm / k_B T)$ の様子が大きく変化する。このとき、T が高いと、なめらかな傾きを有し、交点は $m = 0$ のみである。これは系の平均磁化が 0 となる状態である。

一方、温度 T が低下しだすと、グラフは明らかな変曲点を示すようになり、ある温度（これを T_c と置く）を境に、$m \neq 0$ の有限の値の交点 m を持つようになる。磁化 m が 0 ではないということは、系が**自発磁化** (spontaneous magnetization) を有することを示している。これは、スピンが同じ方向を向いた場合に、交換相互作用によって J だけエネルギーが低下することに起因している。

そして、この T_c が相転移温度 (phase transition temperature) であり、この温度を境に系は、常磁性状態 (paramagnetic state) から強磁性状態 (ferromagnetic state) に転移することを示している。

さらに、$T \rightarrow 0$ の極限では $m = \pm 1$ すなわち $\mu_B m = \pm \mu_B$ となり、すべてのスピンが＋あるいは－の方向を向くことになる。

よって、1 次元のイジング模型では相転移は認められないが、2 次元以上のイジング模型では相転移を示すことになる。

これを別な視点で見てみよう。tanh$x$ を級数展開すると

$$\tanh x = x - \frac{1}{3}x^3 + \ldots$$

となる。高温では $x=\dfrac{C_N Jm}{k_B T} <<1$ となるから、x^3 以上の項は無視することができて $\tanh x \cong x$ と置けるので

$$m=\frac{C_N Jm}{k_B T}$$

となるが、この等式が任意の温度で成立するのは $m=0$ のときだけである。これは磁化のない常磁性状態に対応する。

一方、低温では 3 次の項が無視できなくなる。このとき、第 2 項までとれば

$$m=\frac{C_N Jm}{k_B T}-\frac{1}{3}\left(\frac{C_N Jm}{k_B T}\right)^3$$

となる。よって

$$\left(\frac{C_N J}{k_B T}\right)^3 m^3=3m\left(\frac{C_N J}{k_B T}-1\right)$$

となる。この方程式の自明解は $m=0$ である。

演習 9-3　表記の方程式が自明解ではない実数解 $m\neq 0$ を有する場合の、温度限界を求めよ。

解）　$m\neq 0$ であるから、方程式の両辺を m で除すことができ

$$\left(\frac{C_N J}{k_B T}\right)^3 m^2=3\left(\frac{C_N J}{k_B T}-1\right)$$

となる。ここで m が実数解を有するためには、右辺が正でなければならず

$$\frac{C_N J}{k_B T}\geq 1 \qquad\qquad T\leq\frac{C_N J}{k_B}$$

という条件が付与される。そして、m が解を有する限界の温度を T_c と置くと

$$T_c=\frac{C_N J}{k_B}$$

と与えられる。

実は、これが常磁性から強磁性に転移する相転移温度であり、キュリー点(Curie point) である。この結果は、配位数 C_N が大きくなれば、転移温度が高くなることを示している。先ほどの式に代入すると

$$\left(\frac{T_c}{T}\right)^3 m^2 = 3\left(\frac{T_c}{T}-1\right) = 3\left(\frac{T_c - T}{T}\right)$$

よって

$$m = \sqrt{3}\frac{T}{T_c}\sqrt{\frac{T_c - T}{T_c}}$$

となる。温度が T_c 近傍では $T/T_c \cong 1$ であるから

$$m \propto (T_c - T)^{\frac{1}{2}}$$

となる。この指数 1/2 を**臨界指数** (critical parameter) と呼んでいる。ここで、$\mu_B m$ は 1 格子点あたりの平均磁化であり、マクロな磁化 M は

$$M = (N_+ - N_-)\mu_B$$

と与えられる。ただし、N_+ は上向きスピンの格子点、N_- は下向きスピンの格子点の数である。N を格子点の総数とすると

$$\mu_B m = \frac{M}{N} = \frac{N_+ - N_-}{N}\mu_B$$

と与えられる。ここで

$$m = \frac{N_+ - N_-}{N}$$

は**秩序パラメータ** (order parameter) と呼ばれる。英語読みで、そのままオーダーパラメータと呼ぶことも多い。これ以降は、より一般化のために、秩序パラメータを ϕ と表記する。

例えば、強磁性状態においてスピンがすべて同じ方向の上向きとなると、秩序パラメータは $\phi = 1$ となる。これは秩序だった状態と考えられる。

一方、スピンの向きがランダムとなり、上向きと下向きのスピンの数が同じになると、秩序パラメータは $\phi = 0$ となる。これは、系の強磁性秩序がなくなった状態に対応し、常磁性状態に相当する。秩序パラメータは、強磁性だけでなく、一般の相転移にも適用できる重要なパラメータとなる。ここで

$$m = \phi \propto (T_c - T)^{\frac{1}{2}}$$

ということは、Cを定数として

$$\phi^2 = C(T_c - T)$$

となることを意味している。これは、T_c近傍で近似的に成立する関係である。

9. 2. ランダウ理論

ここで一般の相変態において有用な手法を紹介しておこう。強磁性から常磁性への変化は、低温では秩序パラメータ ϕ が 1 であったものが、温度上昇とともに低下し、最後は、相転移温度 (T_c) において 0 となる変化と捉えることができる。この変化によって、エントロピーSは増大するため、自由エネルギーFが低下して系は安定となる。

一方、低温では、エントロピー効果 ($-TS$) よりも交換相互作用によるエネルギー ($-J$) による自由エネルギーの低下が大きいため、秩序状態が安定となる。実は、これは強磁性に限ったことではなく、多くの相変態に対して適用できる一般的な考えである。

このとき、系の自由エネルギーは、T_c近傍では、秩序パラメータの関数になるものと考えられる。いま見たように、T_c近傍ではϕ^2に依存するが、これをより一般化して、以下のようなべき乗展開が可能と考える。

$$F(\phi, T) = F_n + a(T)\phi^2 + b(T)\phi^4 + c(T)\phi^6 + \ldots$$

ただし、$F(\phi, T)$ は系の自由エネルギー、F_nは無秩序相（高温相; 強磁性体では常磁性相）の自由エネルギーとなる。$T > T_c$ では$\phi = 0$ であるので $F = F_n$ となる。

ここで、ランダウは大胆な仮定により、実際の相転移をうまく表現できるような展開式を導出した。

このべき級数において、べき項の係数は、温度 T の関数と考えられる。ただし、T_c近傍では、ϕの値は小さい。よって、まず、級数展開の項をϕ^4までとし、さらに、温度依存性を有する係数は a のみとしたのである。したがって

$$F(\phi, T) \cong F_n + a(T)\phi^2 + b\phi^4$$

となる。これを**ランダウ展開** (Landau expansion) と呼んでいる。

さらに、ランダウは、ϕ^4 の係数 b は必ず $b>0$ であるとした。これは、$b<0$ とすると、F はいくらでも小さくなるため、F の極小点がえられなくなるからである。(つまり、$b<0$ では、ランダウ展開は相転移を表現できない。)

ここで、F が有限の ϕ で極小値を持てば、それが平衡状態を与える。有限の ϕ で系が安定するということは、秩序相が出現することを意味する。よって

$$\frac{\partial F}{\partial \phi} = 2a\phi + 4b\phi^3 = 0 \qquad \text{から} \qquad b\phi\left(\phi^2 + \frac{a}{2b}\right) = 0$$

となる。この方程式の自明解は $\phi=0$ であるが、$\phi \neq 0$ としよう。すると

$$\phi^2 = -\frac{a}{2b}$$

となり、$b>0$ であるから、$a<0$ のとき解があり

$$\phi = \pm\sqrt{\frac{|a|}{2b}}$$

となる。ちなみに、a には温度依存性があるとしたが、$T>T_c$ のとき $a>0, T=T_c$ のとき $a=0$、$T<T_c$ のときに、$a<0$ となる。図 9-6 に $a>0$ と $a<0$ の場合の $F(\phi) \cong F_n + a\phi^2 + b\phi^4$ のグラフを示す。

図に示したように、$a>0$ の場合は、$\phi=0$ が自由エネルギー $F(\phi)$ の極小となる

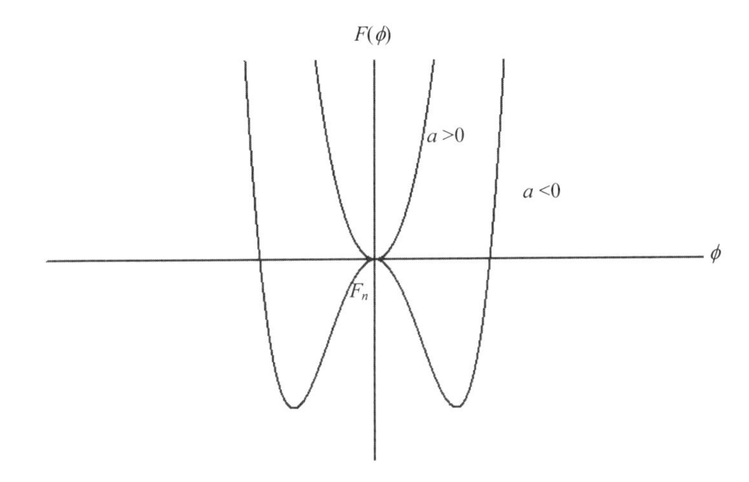

図 9-6　$F(\phi) = F_n + a\phi^2 + b\phi^4$ のグラフ

が、$a<0$ の場合には

$$\phi = \pm\sqrt{\frac{|a|}{2b}}$$

において $F(\phi)$の極小点を有する。この結果、秩序パラメータが 0 とはならない状態、すなわち秩序相が安定となることがわかる。

9. 3. ブラッグ-ウィリアムズ近似

いままでは、1 個のスピンが感じる磁場が、系全体の平均磁場と同じであるとする平均場近似の手法を紹介した。ここでは、より詳細な近似について紹介しょう。

スピンの総数を N 個としよう。ここで、上向きスピンの数を N_+とし、下向きスピンの数を N_-とする。すると

$$N = N_+ + N_-$$

という関係にある。ここで、前節で導出した秩序パラメータは

$$\phi = \frac{N_+ - N_-}{N}$$

であった。秩序パラメータは、すべてのスピンが上向きのとき 1、上向きと下向きのスピンが同数ならば 0、すべてのスピンが下向きならば−1 となる。

演習 9-4 上向きスピンの数 N_+ ならびに下向きスピンの数 N_-を N と秩序パラメータ ϕ で示せ。

解） $N = N_+ + N_-$ より $N_- = N - N_+$

したがって

$$\phi = \frac{N_+ - N_-}{N} = \frac{N_+ - (N - N_+)}{N} = \frac{2N_+ - N}{N}$$

から

$$N_+ = N\frac{1+\phi}{2}$$

となる。同様にして

$$N_- = N\frac{1-\phi}{2}$$

と与えられる。

　ここで、スピン系のエントロピーSを求めてみよう。このとき、スピンを並べる微視的状態の数は

$$W = \frac{N!}{N_+!N_-!}$$

となる。これは 1 次元であろうが 2 次元、3 次元であろうが同様となる。

　したがって、エントロピーは

$$S = k_B \ln W = k_B \ln\frac{N!}{N_+!N_-!} = k_B \ln N! - k_B \ln N_+! - k_B \ln N_-!$$

となる。表記の式はスターリング近似

$$\ln N! = N \ln N - N$$

を用いると

$$S = k_B(N\ln N - N) - k_B(N_+\ln N_+ - N_+) - k_B(N_-\ln N_- - N_-)$$

となる。

演習 9-5　N 個の格子点からなるスピン系のエントロピーS を，秩序パラメータϕを用いて示せ。

解）　$S = k_B(N\ln N - N) - k_B(N_+\ln N_+ - N_+) - k_B(N_-\ln N_- - N_-)$

を変形すると

$$S = k_B N(\ln N - 1) - k_B N_+(\ln N_+ - 1) - k_B N_-(\ln N_- - 1)$$

$$= k_B(N_+ + N_- - N) + k_B N(\ln N) - k_B N_+(\ln N_+) - k_B N_-(\ln N_-)$$

$$= k_B(N_+ + N_-)(\ln N) - k_B N_+(\ln N_+) - k_B N_-(\ln N_-)$$

$$= -k_B N_+ \ln\left(\frac{N_+}{N}\right) - k_B N_- \ln\left(\frac{N_-}{N}\right)$$

となる。ここで

$$N_+ = N\frac{1+\phi}{2} \quad \text{ならびに} \quad N_- = N\frac{1-\phi}{2}$$

を代入すれば

$$S = -k_B N\frac{1+\phi}{2}\ln\left(\frac{1+\phi}{2}\right) - k_B N\frac{1-\phi}{2}\ln\left(\frac{1-\phi}{2}\right)$$

したがって

$$S = -\frac{Nk_B}{2}\left\{(1+\phi)\ln\left(\frac{1+\phi}{2}\right) + (1-\phi)\ln\left(\frac{1-\phi}{2}\right)\right\}$$

となる。

つぎに、スピン系のエネルギーを考える。まず、磁化のエネルギーは、外部 H を上向きとすると、スピンが平行のとき－$\mu_B H$ だけエネルギーが低下するので

$$E_M = -(N_+ - N_-)\mu_B H = -N\phi\mu_B H$$

となる。つぎに、交換相互作用によるエネルギーを考えてみよう。このとき

$$E_s = -J\sum_{(i,j)}\sigma_i\sigma_j$$

と与えられる。ただし、J は交換相互作用エネルギーである。

ここで、隣接する対のスピンが同じ上向き（↑↑）となる数を N_{++}、おなじ下向き（↓↓)となる数を N_{--}、上下（↑↓）となる数を N_{+-}、下上（↓↑)となる数を N_{-+} とすると

$$E_s = -(N_{++} + N_{--} - N_{+-} - N_{-+})J$$

となる。

そして、これら数を求めるとき、配位数 C_N が必要となる。この C_N は、注目する格子点に隣接する格子点の数である。ここで、ある格子点のスピンが+としよう。すると、そのまわりの格子点が+となる確率は

$$N_+/N$$

となる。いま、N_+個だけの＋スピンの格子点があるのであるから、隣りどうしが＋となる数 N_{++}は

$$N_{++} = N_+ \times C_N \times \frac{N_+}{N}$$

と与えられる。ただし、このままでは++のペアをダブルカウントしているので

$$N_{++} = \frac{1}{2} N_+ \times C_N \times \frac{N_+}{N}$$

のように 1/2 で除す必要がある。

演習 9-6　隣接する格子のスピンが互いに上向き(↑↑)となる数 N_{++}を秩序パラメータϕを使って表現せよ。

解）　$N_+ = N\dfrac{1+\phi}{2}$ であるから

$$N_{++} = \frac{1}{2} N_+ \times C_N \times \frac{N_+}{N} = \frac{1}{2} \frac{C_N N(1+\phi)}{2} \frac{N(1+\phi)}{2N} = \frac{C_N N}{8}(1+\phi)^2$$

となる。

ただし、N_{++}がぴったりと、この数になっているわけではなく、あくまでも平均的な値である。そして、これを**ブラッグ-ウィリアムズ近似** (Bragg-Williams approximation) と呼んでいる。

両隣りのスピンが下向きの組み合わせ (↓↓) の場合も、まったく同様であり

$$N_{--} \cong \frac{1}{2} N_- \times C_N \times \frac{N_-}{N} = \frac{C_N N}{8}(1-\phi)^2$$

となる。

それでは、スピンが(↑↓)の場合はどうなるであろうか。この場合は、＋のスピンの数を N_+として、そのまわりのスピンが－となる確率を N_-/N として

$$N_{+-} \cong \frac{1}{2} N_+ \times C_N \times \frac{N_-}{N} = \frac{C_N N}{8}(1+\phi)(1-\phi) = \frac{C_N N}{8}(1-\phi^2)$$

とすればよい。

(↓↑)の場合も、同様にして

$$N_{-+} \cong \frac{1}{2} N_{-} \times C_N \times \frac{N_{+}}{N} = \frac{C_N N}{8}(1-\phi)(1+\phi) = \frac{C_N N}{8}(1-\phi^2)$$

となる。

演習 9-7　交換相互作用エネルギーを J として、N 個の格子点からなるスピン系の交換相互作用にともなうエネルギーE_sを、秩序パラメータ ϕ を使って求めよ。

解）　求めるエネルギーは

$$E_s = -(N_{++} + N_{--} - N_{+-} - N_{-+})J$$

と与えられる。ここで

$$N_{++} + N_{--} - N_{+-} - N_{-+} = \frac{C_N N}{8}(1+\phi)^2 + \frac{C_N N}{8}(1-\phi)^2 - \frac{C_N N}{4}(1-\phi^2) = \frac{C_N N}{2}\phi^2$$

となるので

$$E_s = -(N_{++} + N_{--} - N_{+-} - N_{-+})J = -\frac{C_N N}{2} J\phi^2$$

となる。

したがって、N 個の格子点からなる系の磁気的エネルギーは、スピンによるエネルギーと併せて

$$E = E_M + E_s = -N\mu_B H\phi - \frac{1}{2} C_N N J\phi^2$$

となる。

演習 9-8　N 個の格子点からなるスピン系のヘルムホルツの自由エネルギー$F=E-TS$を求めよ。

解）　エントロピーは演習 9-5 から

$$S = -\frac{Nk_B}{2}\left\{(1+\phi)\ln\left(\frac{1+\phi}{2}\right) + (1-\phi)\ln\left(\frac{1-\phi}{2}\right)\right\}$$

と与えられるのであった。

よって、ヘルムホルツの自由エネルギーFは

$$F = E - TS = -N\mu_B H\phi - \frac{1}{2}C_N NJ\phi^2 + \frac{Nk_B T}{2}\left\{(1+\phi)\ln\left(\frac{1+\phi}{2}\right) + (1-\phi)\ln\left(\frac{1-\phi}{2}\right)\right\}$$

となる。

ここで、磁場がない場合を考えてみよう。すると$H=0$であるから、自由エネルギーは

$$F = -\frac{1}{2}C_N NJ\phi^2 + \frac{Nk_B T}{2}\left\{(1+\phi)\ln\left(\frac{1+\phi}{2}\right) + (1-\phi)\ln\left(\frac{1-\phi}{2}\right)\right\}$$

となる。

演習 9-9　N個の格子点からなるスピン系において磁場がない場合の平衡状態における秩序パラメータの値ϕが満足する方程式を求めよ。

解）　磁場がないのであるから、スピンの分布は上向きと下向きが同数で$\phi=0$が考えられる。問題は、それ以外の解があるかである。ここでは、平衡条件

$$\frac{\partial F}{\partial \phi} = 0$$

から、ϕ の解を求めてみよう。

$$F = -\frac{1}{2}C_N NJ\phi^2 + \frac{Nk_B T}{2}\left\{(1+\phi)\ln\left(\frac{1+\phi}{2}\right) + (1-\phi)\ln\left(\frac{1-\phi}{2}\right)\right\}$$

をϕ で偏微分すると

$$\frac{\partial}{\partial \phi}(C_N NJ\phi^2) = 2C_N NJ\phi$$

となる。また

$$\left\{(1+\phi)\ln\left(\frac{1+\phi}{2}\right) + (1-\phi)\ln\left(\frac{1-\phi}{2}\right)\right\}$$

$$= (1+\phi)\{\ln(1+\phi) - \ln 2\} + (1-\phi)\{\ln(1-\phi) - \ln 2\}$$

から

$$\frac{\partial}{\partial\phi}\left\{(1+\phi)\ln\left(\frac{1+\phi}{2}\right)+(1-\phi)\ln\left(\frac{1-\phi}{2}\right)\right\}$$

$$=\{\ln(1+\phi)-\ln 2\}-\{\ln(1-\phi)-\ln 2\}+\frac{1+\phi}{1+\phi}-\frac{1-\phi}{1-\phi}=\ln\left(\frac{1+\phi}{1-\phi}\right)$$

したがって

$$\frac{\partial F}{\partial\phi}=-C_N NJ\phi+\frac{1}{2}Nk_BT\ln\left(\frac{1+\phi}{1-\phi}\right)$$

となり、$\partial F/\partial\phi=0$ から

$$\frac{JC_N}{k_BT}\phi=\frac{1}{2}\ln\left(\frac{1+\phi}{1-\phi}\right)$$

よって

$$\phi=\frac{k_BT}{2JC_N}\ln\left(\frac{1+\phi}{1-\phi}\right)$$

となる。

これは一種の自己無撞着方程式である。この自明解は$\phi=0$ となる。これは、上向きスピンと下向きスピンが同数で磁化のない場合に相当する。

問題は、これ以外の解があるかどうかであるが、それは

$$\text{直線}\quad y=\phi \quad\text{と}\quad \text{曲線}\quad y=\frac{k_BT}{2JC_N}\ln\left(\frac{1+\phi}{1-\phi}\right)$$

との交点となる。

これらグラフをϕ-y座標にプロットすると図 9-7 のようになる。

このグラフをみると、条件によっては$\phi=0$ 以外の解が存在する場合があることがわかる。

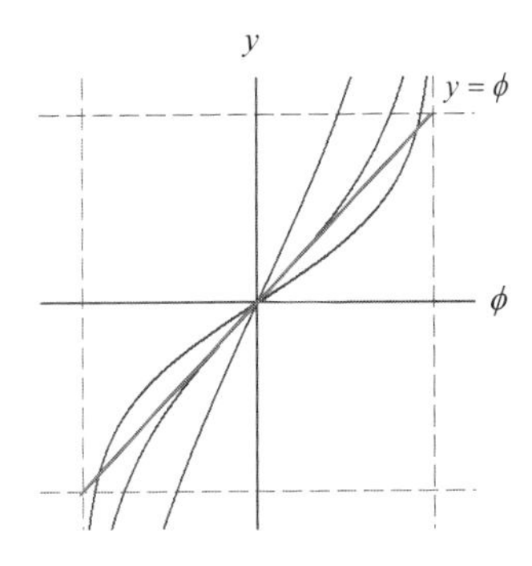

図 9-7　$y=\phi$ と $y=\dfrac{k_BT}{2JC_N}\ln\left(\dfrac{1+\phi}{1-\phi}\right)$ のグラフ

> **演習 9-10**　系の平衡状態において、秩序パラメータ ϕ が $\phi=0$ 以外の実数解を有する臨界温度 T_c を求めよ。

解）　$\phi=0$ 以外の交点があるかどうかの境目が臨界点であるので、この境界では

$$y=\phi \qquad と \qquad y=\frac{k_BT}{2JC_N}\ln\left(\frac{1+\phi}{1-\phi}\right)$$

が $\phi=0$ で接するので、両者の傾きが等しくなる。

そこで、まず $dy/d\phi$ を求める。すると

$$y=\frac{k_BT}{2JC_N}\ln\left(\frac{1+\phi}{1-\phi}\right)=\frac{k_BT}{2JC_N}\{\ln(1+\phi)-\ln(1-\phi)\}$$

から

$$\frac{dy}{d\phi}=\frac{k_BT}{2JC_N}\left(\frac{1}{1+\phi}+\frac{1}{1-\phi}\right)$$

となる。これが $\phi=0$ で $y=\phi$ の傾き $dy/d\phi$ と一致するのが臨界点である。

ここで

$$\left.\frac{dy}{d\phi}\right|_{\phi=0}=\frac{k_BT}{2JC_N}\left(\frac{1}{1+0}+\frac{1}{1-0}\right)=\frac{k_BT}{JC_N}$$

であり、$y=\phi$ の傾きは 1 であるから

$$\frac{k_B T_c}{JC_N} = 1 \quad より \qquad T_c = \frac{JC_N}{k_B}$$

となる。

この値は、平均場近似により求めた臨界温度 T_c と一致している。実は

$$\frac{JC_N}{k_B T}\phi = \frac{1}{2}\ln\left(\frac{1+\phi}{1-\phi}\right)$$

を変形していくと、平均場近似で求めた関係式と同じものがえられたのである。それを確かめてみよう。

$$\frac{1+\phi}{1-\phi} = \exp\left(\frac{2JC_N}{k_B T}\phi\right) = \exp(2a\phi)$$

ただし、$\frac{Jz}{k_B T} = a$ と置いた。すると

$$1+\phi = (1-\phi)\exp(2a\phi) \qquad \phi = (1-\phi)\exp(2a\phi) - 1$$

$$\phi\{\exp(2a\phi)+1\} = \exp(2a\phi) - 1$$

から

$$\phi = \frac{\exp(2a\phi)-1}{\exp(2a\phi)+1}$$

となる。さらに、右辺を $\exp(a\phi)$ で、分子分母を除すると

$$\phi = \frac{\exp(a\phi)-\exp(-a\phi)}{\exp(a\phi)+\exp(-a\phi)} = \tanh(a\phi)$$

となる。したがって

$$\phi = \tanh\left(\frac{JC_N\phi}{k_B T}\right)$$

となる。この式は、秩序パラメータ ϕ で表現しているが、イジング模型の平均場近似で求めた式

$$m = \tanh\left(\frac{C_N Jm}{k_B T}\right)$$

と全く同じものとなることが確認できるであろう。

【コラム】自発的対称のやぶれ~~~~~~~~~~~~~~~~~~~~~~~~~~~~~~~~~

相転移に関して、最後に話題を提供しておきたい。磁場がない場合のスピン系のエネルギーは

$$E = -J\sum_{(i,k)}\sigma_i\sigma_k$$

と与えられる。ところで、この状態で、スピンを反転させても

$$-J\sum_{(i,k)}(-\sigma_i)(-\sigma_k) = -J\sum_{(i,k)}\sigma_i\sigma_k = E$$

となってエネルギーは変化しない。

つまり、スピン反転に関する対称性がある。そして、強磁性体では、エネルギーの基底状態として、上向きスピン↑状態と下向きスピン↓状態が存在し、それぞれ等価な基底状態となる。

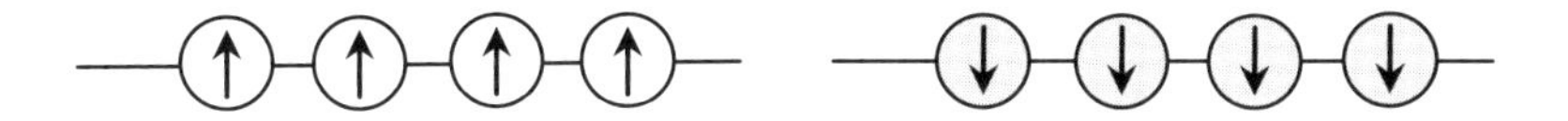

図 9-8　強磁性体では、低温においては、スピンの向きに関係なく、すべてのスピンがそろった状態がエネルギー基底状態となる。つまり、上向きスピンも下向きスピン状態も、ともに対称的なエネルギー基底となる。

ところが、スピンを反転させると磁化の方向は反転する。よって、系の自発磁化として、上向きスピン状態がいったん生じると、これが系のエネルギー基底状態となる。

そして、本来は、エネルギーの基底状態として対称であるはずの下向きスピン状態にするためには、余分なエネルギーが必要となる。

つまり、下向きスピン状態は、一種の励起状態となり、エネルギー基底状態の対称性がやぶれることになる。これを自発的対称性のやぶれと呼び、相転移では、よく観察される現象となる。

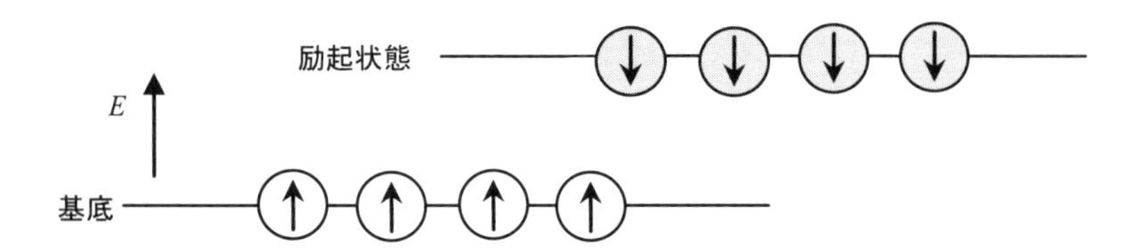

図 9-9 自発的対称のやぶれ。低温で上向きスピンの自発磁化状態が生じると、これがエネルギー基底となり、下向きスピン状態は励起状態となる。

第 10 章　量子力学への応用

本章では、量子力学に統計力学を応用する手法について紹介する。量子力学においても、その基本となるのは、**ボルツマン因子** (Boltzmann factor)

$$\exp\left(-\frac{E}{k_B T}\right)$$

であり、系のエネルギーEをどのように求めるかが鍵となる。そのうえで、量子力学系の**分配関数** (partition function)である

$$Z = \exp\left(-\frac{E_1}{k_B T}\right) + \exp\left(-\frac{E_2}{k_B T}\right) + ... + \exp\left(-\frac{E_n}{k_B T}\right)$$

を求めれば、後は、統計力学の手法が適用できることになる。

ところで、量子力学では、系のエネルギーEは、**波動関数** (wave function) φ にエネルギー演算子であるハミルトニアン (Hamiltonian) を作用したときの固有値 (eigen value) となる。よって、この事実をもとに分配関数を導出していくことになる。

本章では、まず、量子力学について簡単に復習したあとで、統計力学への応用を紹介する。

10. 1.　演算子とディラック表示

量子力学では、ある物理量に対応した**演算子** (operator) があり、これを波動関数に作用させると、**固有値** (eigen value) として物理量がえられる。この際、演算子や波動関数は複素数でもかまわないが、固有値は実数値となる。

例えば、統計力学で主役を演じるエネルギーE に対応した演算子であるハミルトニアン (Hamiltonian) $\hat{H}$ を、固有関数である波動関数$\varphi(x)$ に作用すると

$$\hat{H}\varphi(x) = E\varphi(x)$$

のように、固有値であるエネルギーE が実数値としてえられる。本書では、演算子と物理量を区別するために、演算子にハット ^ を付している。

この関係は、**ディラック表示** (Dirac notation) では

$$\hat{H}|\varphi\rangle = E|\varphi\rangle$$

となる。また、運動量演算子を $\hat{p}$ とすると

$$\hat{p}\varphi(x) = p\varphi(x) \qquad (\hat{p}|\varphi\rangle = p|\varphi\rangle)$$

のように、固有値として運動量 p が実数値として与えられる。

ただし、φ がハミルトニアンの固有関数でなければ、物理量としての E は固有値として与えられない。さらに、φ がハミルトニアンの固有関数であったとしても、運動量演算子や位置演算子の固有関数になるとは限らない。このときは、エネルギーが実数値としてえられても、運動量や位置が確定しないことになる。

このままでは不便である。そこで、量子力学では、物理量の期待値 (expectation value) をえる方法も導入されている。例えば、φがハミルトニアンの固有関数でない場合でも

$$< E > = \langle\varphi|\hat{H}|\varphi\rangle = \int_{-\infty}^{+\infty} \varphi^*(x)\hat{H}\,\varphi(x)\,dx$$

という操作によって、**エネルギーの期待値** (energy expectation value) を求めることが可能となる。ここでは期待値を<>という記号で表記している。

一般化して、物理量 A に対応した演算子を $\hat{A}$ と置くと、その期待値は

$$< A > = \langle\varphi|\hat{A}|\varphi\rangle = \int_{-\infty}^{+\infty} \varphi^*(x)\hat{A}\varphi(x)\,dx$$

と与えられる。

ただし、この関係は、波動関数$\varphi(x)$ が規格化されている場合に成立する関係であり、規格化されていない場合には

$$< A > = \frac{\langle\varphi|\hat{A}|\varphi\rangle}{\langle\varphi|\varphi\rangle} = \frac{\int_{-\infty}^{+\infty} \varphi^*(x)\hat{A}\varphi(x)\,dx}{\int_{-\infty}^{+\infty} \varphi^*(x)\varphi(x)\,dx}$$

とする必要がある。なお、規格化とは

$$\int_{-\infty}^{+\infty} \varphi^*(x)\,\varphi(x)\,dx = 1 \qquad (\text{あるいは}\langle \varphi | \varphi \rangle = 1)$$

という条件を満足していることである。

10. 2.　正規直交基底

量子力学のハミルトニアンと固有エネルギー、波動関数として

$$\hat{H}\varphi_1(x) = E_1\varphi_1(x) \qquad \hat{H}\varphi_2(x) = E_2\varphi_2(x) \qquad \ldots \qquad \hat{H}\varphi_n(x) = E_n\varphi_n(x)$$

を考えてみよう。

これら固有方程式は、ディラック表示では

$$\hat{H}|\varphi_1\rangle = E_1|\varphi_1\rangle \qquad \hat{H}|\varphi_2\rangle = E_2|\varphi_2\rangle \quad \ldots \quad \hat{H}|\varphi_n\rangle = E_n|\varphi_n\rangle$$

となる。ここで、われわれは、**正規直交基底** (orthonormal basis) からなる波動関数群を求めることができる。そのための条件は

$$\langle \varphi_i | \varphi_j \rangle = 0 \quad (i \neq j) \qquad \langle \varphi_i | \varphi_j \rangle = 1 \quad (i = j)$$

となる。クロネッカーデルタを使えば

$$\langle \varphi_i | \varphi_j \rangle = \delta_{ij}$$

となる。

そして、ある量子状態は

$$|\varphi\rangle = c_1|\varphi_1\rangle + c_2|\varphi_2\rangle + \ldots + c_n|\varphi_n\rangle = \sum_{i=1}^{n} c_i|\varphi_i\rangle$$

のように正規直交基底の線形結合 (linear combination) で表わされる。このとき

$$|c_1|^2 + |c_2|^2 + \ldots + |c_n|^2 = 1$$

を規格化条件 (normalizing condition) と呼ぶ。また、この状態のエネルギーEは

$$E = |c_1|^2 E_1 + |c_2|^2 E_2 + \ldots + |c_n|^2 E_n$$

と与えられる。

このように、ハミルトニアンが与えられたとき、その固有波動関数で正規直交基底をつくれば、その線形結合によって任意の粒子の量子状態を指定できる。ただし、$c_1, c_2, ..., c_n$ がすべて確定している場合に、はじめて状態がひとつに決まり、エネルギー固有値も、ひとつに決まる。このような状態を、**純粋状態** (pure state) と呼んでいる。純粋状態では、エネルギー値も定まるので、統計力学の手法を使う必要はない。

ただし、純粋状態というのは、数多くのミクロ粒子からなる系において、エネルギー状態がひとつに確定している状態であるが、実際問題として、多体問題において、このような状態が生じることはありえない。

そして、多体の粒子からなる系の状態がひとつに確定しない状態を、純粋状態に対して、**混合状態** (mixed state) と呼んでいる。

ここで、純粋状態と混合状態について、実例で考えてみよう。まず、波動関数が、つぎのような線型結合で表現できるとしよう。ただし、φ_1, φ_2 は規格化されているとする。

$$|\varphi\rangle = c_1|\varphi_1\rangle + c_2|\varphi_2\rangle$$

このとき、φ の規格化条件は

$$\langle\varphi|\varphi\rangle = |c_1|^2 + |c_2|^2 = 1$$

となる。ここで、例えば、$|c_1| = |c_2|$ ということがわかれば、波動関数はひとつに指定でき

$$|\varphi\rangle = \frac{1}{\sqrt{2}}|\varphi_1\rangle + \frac{1}{\sqrt{2}}|\varphi_2\rangle$$

という純粋状態がえられる。

このとき、それぞれの固有エネルギーが E_1, E_2 とすれば、この純粋状態のエネルギー値もひとつに決まり

$$E = \frac{1}{2}E_1 + \frac{1}{2}E_2$$

と与えられる。

一方、混合状態の場合、それぞれのエネルギー固有値が E_1, E_2 とすると、それぞれのエネルギー状態となる確率は

$$p_1 = \frac{1}{Z}\exp\left(-\frac{E_1}{k_B T}\right) \qquad p_2 = \frac{1}{Z}\exp\left(-\frac{E_2}{k_B T}\right)$$

というボルツマン因子を含む式で与えられる。

ただし、Z は、この系の分配関数で

$$Z = \exp\left(-\frac{E_1}{k_B T}\right) + \exp\left(-\frac{E_2}{k_B T}\right)$$

であった。

そして、混合状態の、平均エネルギー（あるいはエネルギー期待値）は

$$< E > = p_1 E_1 + p_2 E_2 = \frac{1}{Z}\left\{E_1 \exp\left(-\frac{E_1}{k_B T}\right) + E_2 \exp\left(-\frac{E_2}{k_B T}\right)\right\}$$

となる。

10. 3.　分配関数とハミルトニアン

分配関数は、系がとりうるエネルギー状態を $E_1, E_2, ..., E_n$ とすると

$$Z = \exp(-\beta E_1) + \exp(-\beta E_2) + ... + \exp(-\beta E_n) = \sum_{i=1}^{n} \exp(-\beta E_i)$$

と与えられる。ただし、$\beta = 1/k_B T$ は**逆温度** (inverse temperature) である。

ここで、量子力学のハミルトニアンと固有エネルギーならびに波動関数は

$$\hat{H}\left|\varphi_1\right\rangle = E_1\left|\varphi_1\right\rangle \qquad \hat{H}\left|\varphi_2\right\rangle = E_2\left|\varphi_2\right\rangle \quad ... \quad \hat{H}\left|\varphi_n\right\rangle = E_n\left|\varphi_n\right\rangle$$

と表示できる。

ここで、ある系のある粒子の波動関数が $\left|\varphi_r\right\rangle$ という状態となる確率が p_r で与えられるものとしよう。r 状態のエネルギー固有値を E_r とすると、統計力学によれば

$$p_r = \frac{1}{Z}\exp(-\beta E_r)$$

という関係にある。ここで、波動関数が正規直交基底とすると

$$\langle \varphi_i | \varphi_j \rangle = \delta_{ij}$$

となるから

$$Z = \langle \varphi_1 | \exp(-\beta E_1) | \varphi_1 \rangle + \langle \varphi_2 | \exp(-\beta E_2) | \varphi_2 \rangle + ... + \langle \varphi_n | \exp(-\beta E_n) | \varphi_n \rangle$$

と与えられる。

ところで、ボルツマン因子である $\exp(-\beta E_r)$ を固有値として与える演算子 $\hat{B}$ とはどういうものなのであろうか。

$$\hat{B} | \varphi_1 \rangle = \exp(-\beta E_r) | \varphi_r \rangle$$

ここで $\hat{H} | \varphi_r \rangle = E_r | \varphi_r \rangle$ であるから、単純には

$$\hat{B} | \varphi_1 \rangle = \exp(-\beta \hat{H}) | \varphi_r \rangle$$

と予想される。

ただし、この演算子は

$$\hat{B} = \exp(-\beta \hat{H}) \ = e^{-\beta \hat{H}}$$

のように、指数関数のべきとなっている(これを演算子指数関数と呼んでいる)。実は、演算子指数関数は、級数展開を利用して、指数関数をべき級数 (power series) に展開し、あとは、演算子の計算ルールを適用すればよいことがわかっている。

演習 10-1　指数関数に関する

$$e^x = 1 + x + \frac{1}{2!} x^2 + \frac{1}{3!} x^3 + ...$$

という級数展開を利用して、演算子

$$\hat{B} = \exp(-\beta \hat{H}) \ = e^{-\beta \hat{H}}$$

を展開せよ。

解）　指数関数 e の級数展開は

$$e^{-\beta\hat{H}} = 1 - \beta\hat{H} + \frac{1}{2!}\beta^2\hat{H}^2 - \frac{1}{3!}\beta^3\hat{H}^3 + \dots$$

となる。このように展開すれば、演算子の計算が可能となる。

ここで、演算子からなる展開式を波動関数 φ_1 に作用させれば

$$e^{-\beta\hat{H}}\left|\varphi_1\right\rangle = 1 - \beta\hat{H}\left|\varphi_1\right\rangle + \frac{1}{2!}\beta^2\hat{H}^2\left|\varphi_1\right\rangle - \frac{1}{3!}\beta^3\hat{H}^3\left|\varphi_1\right\rangle + \dots$$

となるが

$$\hat{H}^3\left|\varphi_1\right\rangle = \hat{H}^2\hat{H}\left|\varphi_1\right\rangle = \hat{H}^2E_1\left|\varphi_1\right\rangle = E_1\hat{H}^2\left|\varphi_1\right\rangle = E_1\hat{H}\hat{H}\left|\varphi_1\right\rangle = E_1\hat{H}E_1\left|\varphi_1\right\rangle$$

$$= {E_1}^2\hat{H}\left|\varphi_1\right\rangle = {E_1}^3\left|\varphi_1\right\rangle$$

と計算できるから、一般に

$$\hat{H}^n\left|\varphi_r\right\rangle = {E_r}^n\left|\varphi_r\right\rangle$$

という関係にあるので

$$e^{-\beta\hat{H}}\left|\varphi_1\right\rangle = (1 - \beta E_1 + \frac{1}{2}\beta^2{E_1}^2 - \frac{1}{6}\beta^3{E_1}^3 + \dots)\left|\varphi_1\right\rangle$$

と与えられる。

結局、右辺の固有値は $\exp(-\beta E_1)$ となる。したがって

$$e^{-\beta\hat{H}}\left|\varphi_1\right\rangle = e^{-\beta E_1}\left|\varphi_1\right\rangle \qquad \text{または} \qquad \exp(-\beta\hat{H})\left|\varphi_1\right\rangle = \exp(-\beta E_1)\left|\varphi_1\right\rangle$$

となる。

つまり、演算子の固有値がそのまま指数関数の肩にのった固有値がえられるのである。

この関係を利用すれば、分配関数は

$$Z = \left\langle\varphi_1\right|\exp(-\beta\hat{H})\left|\varphi_1\right\rangle + \left\langle\varphi_2\right|\exp(-\beta\hat{H})\left|\varphi_2\right\rangle + \dots + \left\langle\varphi_n\right|\exp(-\beta\hat{H})\left|\varphi_n\right\rangle$$

と与えられることになる。シグマ記号を使えば

$$Z = \sum_{i=1}^{n} \langle \varphi_i | \exp(-\beta \hat{H}) | \varphi_i \rangle$$

となる。これは、演算子 $\hat{B} = \exp(-\beta \hat{H})$ を波動関数 φ_r に作用させると、固有値として、ボルツマン因子 $\exp(-\beta E_r)$ がえられることを示している。

10. 4.　演算子と行列

これ以降の議論のために、演算子 $\hat{A}$ に対応した行列について説明しておこう。量子力学においては

[演算子] × [状態波動関数] ＝ [固有値] × [状態波動関数]

[行列] × [状態ベクトル] ＝ [固有値] × [状態ベクトル]

という関係にあり、演算子と行列が対応する。

そして、演算子 $\hat{A}$ に対応した行列の (i, j) 成分は

$$\langle \varphi_i | \hat{A} | \varphi_j \rangle$$

と与えられる。

ここで、演算子と行列との対応関係を確認するために、**ブラベクトル** (bra vector) と**ケットベクトル** (ket vector) の復習をしておこう。まず、成分がハミルトニアン $\hat{H}$ の固有波動関数とするケットベクトルは

$$|\varphi_i\rangle = \begin{pmatrix} \varphi_1 \\ \varphi_2 \\ \vdots \\ \varphi_n \end{pmatrix}$$

という縦ベクトルとして表示する。これに対応したブラベクトルは

$$\langle \varphi_i | = (\varphi_1{}^*, \varphi_2{}^*, ..., \varphi_n{}^*)$$

という横ベクトルとして表示する。波動関数の右肩に載っている＊は**複素共役** (complex conjugate) という意味である。ブラベクトルはケットベクトルの転置複素共役となっている。

演習 10-2　ベクトル$\left|\varphi_i\right\rangle$の内積ならびに外積を計算せよ。

解）　内積は

$$\left\langle\varphi_i\middle|\varphi_i\right\rangle=(\varphi_1^*,\varphi_2^*,...,\varphi_n^*)\begin{pmatrix}\varphi_1\\\varphi_2\\\vdots\\\varphi_n\end{pmatrix}=\varphi_1^*\varphi_1+\varphi_2^*\varphi_2+...+\varphi_n^*\varphi_n$$

$$=\left|\varphi_1\right|^2+\left|\varphi_2\right|^2+...+\left|\varphi_n\right|^2$$

となる。また、外積[1]は

$$\left|\varphi_i\right\rangle\left\langle\varphi_i\right|=\begin{pmatrix}\varphi_1\\\varphi_2\\\vdots\\\varphi_n\end{pmatrix}(\varphi_1^*,\varphi_2^*,...,\varphi_n^*)$$

から

$$\left|\varphi_i\right\rangle\left\langle\varphi_i\right|=\begin{pmatrix}\varphi_1\varphi_1^* & \varphi_1\varphi_2^* & \cdots & \varphi_1\varphi_n^*\\\varphi_2\varphi_1^* & \varphi_2\varphi_2^* & \cdots & \varphi_2\varphi_n^*\\\vdots & \vdots & \ddots & \vdots\\\varphi_n\varphi_1^* & \varphi_n\varphi_2^* & \cdots & \varphi_n\varphi_n^*\end{pmatrix}$$

という行列となる。

このように、状態ベクトルの外積$\left|\varphi_i\right\rangle\left\langle\varphi_i\right|$の結果は $n\times n$ **正方行列** (square matrix) となる。

この行列の**対角成分** (diagonal element) は

$$\varphi_1\varphi_1^*,\quad \varphi_2\varphi_2^*,\quad \cdots,\quad \varphi_n\varphi_n^*$$

となっている。この対角成分の和を対角和あるいは**トレース** (trace) と呼んでおり、Tr という記号を使い

[1] この場合の外積は、ベクトル積ではないことに注意されたい。テンソル積と呼ぶ場合もある。

$$\mathrm{Tr}\,(\left|\varphi_i\right\rangle\left\langle\varphi_i\right|) = \varphi_1\varphi_1{}^* + \varphi_2\varphi_2{}^* + \ldots + \varphi_n\varphi_n{}^*$$

と表記する。

ところで、直交関係

$$\left\langle\varphi_i\middle|\varphi_j\right\rangle = 0 \quad (i \neq j)$$

が成立するならば、外積は

$$\left|\varphi_i\right\rangle\left\langle\varphi_i\right| = \begin{pmatrix} \varphi_1\varphi_1{}^* & 0 & \cdots & 0 \\ 0 & \varphi_2\varphi_2{}^* & \cdots & 0 \\ \vdots & \vdots & \ddots & \vdots \\ 0 & 0 & \cdots & \varphi_n\varphi_n{}^* \end{pmatrix}$$

となる。この行列は

$$\left|\varphi_i\right\rangle\left\langle\varphi_i\right| = \begin{pmatrix} \left|\varphi_1\right|^2 & 0 & \cdots & 0 \\ 0 & \left|\varphi_2\right|^2 & \cdots & 0 \\ \vdots & \vdots & \ddots & \vdots \\ 0 & 0 & \cdots & \left|\varphi_n\right|^2 \end{pmatrix}$$

となり、さらに、$\varphi_1, \varphi_2, \ldots, \varphi_n$ が完全正規直交基底 (complete orthonormal basis) であるとすれば

$$\left|\varphi_i\right\rangle\left\langle\varphi_i\right| = \begin{pmatrix} 1 & 0 & \cdots & 0 \\ 0 & 1 & \cdots & 0 \\ \vdots & \vdots & \ddots & \vdots \\ 0 & 0 & \cdots & 1 \end{pmatrix} = \tilde{\boldsymbol{I}}$$

のように**単位行列** (unit matrix) となる。～はチルダであり、行列を意味する。

完全 (complete) とは、$\varphi_1, \varphi_2, \ldots, \varphi_n$ の線形結合によって、すべての n 次元ベクトル（波動関数）を表示できることに対応している。例えば、3 次元空間では(1 0 0) (0 1 0) (0 0 1) は完全正規直交基底ベクトルとなるが、(1 0 0) (0 1 0) (1 1 0) は不完全である。

ここで、先ほど求めた分配関数

$$Z = \sum_{i=1}^{n} \left\langle\varphi_i\middle|\exp(-\beta\hat{H})\middle|\varphi_i\right\rangle$$

は、トレースを使うと

$$Z = \mathrm{Tr}\{\exp(-\beta\hat{H})\}$$

と表記することができる。

演習 10-3　行列 $\exp(-\beta\hat{H})$ の (i, j) 成分が

$$\left\langle \varphi_i \middle| \exp(-\beta\hat{H}) \middle| \varphi_j \right\rangle$$

と与えられるとき、$Z = \mathrm{Tr}\,\{\exp(-\beta\hat{H}\}$ が成立することを確かめよ。

解）　(i, j) 成分が

$$\left\langle \varphi_i \middle| \exp(-\beta\hat{H}) \middle| \varphi_j \right\rangle$$

と与えられるとき

$$\mathrm{Tr}\{\exp(-\beta\hat{H})\} = \left\langle \varphi_1 \middle| \exp(-\beta\hat{H}) \middle| \varphi_1 \right\rangle + \left\langle \varphi_2 \middle| \exp(-\beta\hat{H}) \middle| \varphi_2 \right\rangle + \ldots + \left\langle \varphi_n \middle| \exp(-\beta\hat{H}) \middle| \varphi_n \right\rangle$$

$$= \sum_{i=1}^{n} \left\langle \varphi_i \middle| \exp(-\beta\hat{H}) \middle| \varphi_i \right\rangle$$

これは、確かに分配関数である。

ちなみに

$$Z = \mathrm{Tr}\,\{\exp(-\beta\hat{H})\} = \sum_{i=1}^{n} \left\langle \varphi_i \middle| \exp(-\beta\hat{H}) \middle| \varphi_i \right\rangle = \sum_{i=1}^{n} \left\langle \varphi_i \middle| \exp(-\beta E_i) \middle| \varphi_i \right\rangle$$

$$= \sum_{i=1}^{n} \exp(-\beta E_i) \left\langle \varphi_i \middle| \varphi_i \right\rangle = \sum_{i=1}^{n} \exp(-\beta E_i)$$

と整理できる。

このように、量子力学の系では、系のエネルギーに対応した演算子であるハミルトニアン $\hat{H}$ から分配関数 Z をえることができるのである。あとは、統計力学の手法にしたがって熱力学的諸量を求めることができることになる。

ここで、冒頭で紹介した演算子を行列に変換する手法を紹介すると

$$\hat{A} \quad \rightarrow \quad \tilde{\boldsymbol{I}}\hat{A}\tilde{\boldsymbol{I}} = \left| \varphi_i \right\rangle \left\langle \varphi_i \middle| \hat{A} \middle| \varphi_j \right\rangle \left\langle \varphi_j \right|$$

とするのである。$\tilde{\boldsymbol{I}}$ は、単位行列であるから、$|\varphi_i\rangle\langle\varphi_i|$ や $|\varphi_j\rangle\langle\varphi_j|$ は恒等変換である。よって、すでに示したように、演算子 $\hat{A}$ に対応した行列の(i, j) 成分は

$$\langle\varphi_i|\hat{A}|\varphi_j\rangle$$

と与えられるのである。

10. 5. 密度行列

あるハミルトニアンのもとの波動関数が$\varphi_1, \varphi_2, ..., \varphi_n$ であり、それぞれの出現確率を $p_1, p_2, ..., p_n$ とするとき

$$\tilde{\boldsymbol{\rho}} = \sum_{i=1}^{n} p_i \, |\varphi_i\rangle\langle\varphi_i|$$

を**密度行列** (density matrix) と呼ぶ。p_iは、確率であるが、波動関数φ_iからなる i 状態の密度と考えることもできるからである。この行列を成分で示せば

$$\tilde{\boldsymbol{\rho}} = \begin{pmatrix} p_1|\varphi_1|^2 & 0 & \cdots & 0 \\ 0 & p_2|\varphi_2|^2 & \cdots & 0 \\ \vdots & \vdots & \ddots & \vdots \\ 0 & 0 & \cdots & p_3|\varphi_n|^2 \end{pmatrix}$$

となる。

波動関数が正規直交基底であれば

$$\tilde{\boldsymbol{\rho}} = \begin{pmatrix} p_1 & 0 & \cdots & 0 \\ 0 & p_2 & \cdots & 0 \\ \vdots & \vdots & \ddots & \vdots \\ 0 & 0 & \cdots & p_n \end{pmatrix}$$

となり、対角成分が i 状態の存在確率、すなわち、密度を与えることになる。これが、密度行列と呼ばれる所以である。また

$$\mathrm{Tr}(\tilde{\boldsymbol{\rho}}) = p_1 + p_2 + ... + p_n = 1$$

となる。これは、確率の和が 1 になることに相当する。

ここで、カノニカル分布を適用すれば

$$p_r = \frac{1}{Z}\exp(-\beta E_r)$$

であるから

$$\tilde{\boldsymbol{\rho}} = \frac{1}{Z}\begin{pmatrix} \exp(-\beta E_1) & 0 & \cdots & 0 \\ 0 & \exp(-\beta E_2) & \cdots & 0 \\ \vdots & \vdots & \ddots & \vdots \\ 0 & 0 & \cdots & \exp(-\beta E_n) \end{pmatrix}$$

となる。

あるいは

$$\tilde{\boldsymbol{\rho}} = \sum_{i=1}^{n} p_i \left|\varphi_i\right\rangle\left\langle\varphi_i\right| = \frac{1}{Z}\sum_{i=1}^{n}\exp(-\beta E_i)\left|\varphi_i\right\rangle\left\langle\varphi_i\right|$$

とも表現できる。

演習 10-4　密度行列 $\tilde{\boldsymbol{\rho}} = \frac{1}{Z}\sum_{i=1}^{n}\exp(-\beta E_i)\left|\varphi_i\right\rangle\left\langle\varphi_i\right|$ のトレースを計算せよ。

解）　行列　$\sum_{i=1}^{n}\exp(-\beta E_i)\left|\varphi_i\right\rangle\left\langle\varphi_i\right|$　つまり

$$\begin{pmatrix} \exp(-\beta E_1) & 0 & \cdots & 0 \\ 0 & \exp(-\beta E_2) & \cdots & 0 \\ \vdots & \vdots & \ddots & \vdots \\ 0 & 0 & \cdots & \exp(-\beta E_n) \end{pmatrix}$$

のトレース（対角和）は

$$\exp(-\beta E_1) + \exp(-\beta E_2) + \ldots + \exp(-\beta E_n)$$

となる。

これは、まさに分配関数であるので

$$\mathrm{Tr}(\tilde{\boldsymbol{\rho}}) = \frac{1}{Z}Z = 1$$

となる。

本来の密度行列という意味を考えれば、上記の定義が妥当と考えられるが、教科書によっては

$$\tilde{\boldsymbol{\rho}}_c = \begin{pmatrix} \exp(-\beta E_1) & 0 & \cdots & 0 \\ 0 & \exp(-\beta E_2) & \cdots & 0 \\ \vdots & \vdots & \ddots & \vdots \\ 0 & 0 & \cdots & \exp(-\beta E_n) \end{pmatrix}$$

をカノニカル分布における密度行列とする場合もある。この場合には

$$Z = \mathrm{Tr}\,(\tilde{\boldsymbol{\rho}}_c)$$

のように、密度行列のトレースが分配関数となる。このとき

$$\tilde{\boldsymbol{\rho}} = \frac{1}{Z}\tilde{\boldsymbol{\rho}}_c$$

を規格化された密度行列と呼ぶ場合もある。密度行列を使う場合には、どちらの定義を採用しているかを確認する必要がある。本書では、規格化されていない密度行列には、c を付してある。

演習 10-5　ある量子力学の系が、下記の状態 1 と状態 2 の混合状態にあり、状態 1 をとる確率が p のとき、系の密度行列を求めよ。

$$|\varphi_1\rangle = \begin{pmatrix} 1 \\ 0 \end{pmatrix} \qquad |\varphi_2\rangle = \begin{pmatrix} 0 \\ 1 \end{pmatrix}$$

解）　定義から規格化された密度行列は

$$\tilde{\boldsymbol{\rho}} = p|\varphi_1\rangle\langle\varphi_1| + (1-p)|\varphi_2\rangle\langle\varphi_2| = \begin{pmatrix} p & 0 \\ 0 & 1-p \end{pmatrix}$$

となる。

ここで、ある物理量を A とし、その演算子を $\hat{A}$ と置くと、純粋状態における期待値は

$$< A > = \langle\varphi|\hat{A}|\varphi\rangle$$

となる。一方、統計力学によれば、カノニカル分布での期待値は

$$< A > = \frac{1}{Z}\sum_{i=1}^{n} A_i \exp(-\beta E_i)$$

と与えられる。よって

$$< A > = \frac{1}{Z}\sum_{i=1}^{n} A_i \exp(-\beta E_i) = \frac{1}{Z}\sum_{i=1}^{n} \langle \varphi_i | \hat{A} | \varphi_i \rangle \exp(-\beta E_i)$$

となる。

ここで、すでに示したように

$$\exp(-\beta \hat{H}) |\varphi_i\rangle = \exp(-\beta E_i) |\varphi_i\rangle$$

であるから

$$< A > = \frac{1}{Z}\sum_{i=1}^{n} \langle \varphi_i | \hat{A} | \varphi_i \rangle \exp(-\beta E_i) = \frac{1}{Z}\sum_{i=1}^{n} \langle \varphi_i | \hat{A} | \varphi_i \rangle \langle \varphi_i | \exp(-\beta \hat{H}) | \varphi_i \rangle$$

ここで

$$|\varphi_i\rangle\langle\varphi_i| = \tilde{\boldsymbol{I}}$$

から

$$< A > = \frac{1}{Z}\sum_{i=1}^{n} \langle \varphi_i | \hat{A} | \varphi_i \rangle \langle \varphi_i | \exp(-\beta \hat{H}) | \varphi_i \rangle = \frac{1}{Z}\sum_{i=1}^{n} \langle \varphi_i | \hat{A} \exp(-\beta \hat{H}) | \varphi_i \rangle$$

と変形できる。さらに

$$\langle \varphi_i | \hat{A} \exp(-\beta \hat{H}) | \varphi_i \rangle = \langle \varphi_i | A_i \exp(-\beta E_i) | \varphi_i \rangle = A_i \exp(-\beta E_i)$$

から

$$< A > = \frac{1}{Z}\sum_{i=1}^{n} A_i \exp(-\beta E_i) |\varphi_i\rangle\langle\varphi_i|$$

ここで、波動関数が正規直交化されていれば

$$\frac{1}{Z}\begin{pmatrix} A_1 \exp(-\beta E_1) & 0 & \cdots & 0 \\ 0 & A_2 \exp(-\beta E_2) & \cdots & 0 \\ \vdots & \vdots & \ddots & \vdots \\ 0 & 0 & \cdots & A_n \exp(-\beta E_n) \end{pmatrix}$$

という行列の対角和となる。よって

$$<A> = \mathrm{Tr}\,(\tilde{\boldsymbol{A}}\tilde{\boldsymbol{\rho}}) = \mathrm{Tr}\,(\tilde{\boldsymbol{\rho}}\tilde{\boldsymbol{A}})$$

という関係がえられる。物理量を A を与える演算子が $\hat{A}$ の場合、その行列の成分は $A_{ij} = \langle \varphi_i | \hat{A} | \varphi_j \rangle$ となるが、ここでは、行列ということを明確にするために、$\tilde{\boldsymbol{A}}$ という記号を使っている。よって、$<A> = \mathrm{Tr}\,(\hat{A}\tilde{\boldsymbol{\rho}})$ と表記している教科書も多い。また、$\tilde{\boldsymbol{\rho}}$ が規格化されていない場合には、物理量の期待値は

$$<A> = \frac{\mathrm{Tr}\,(\tilde{\boldsymbol{A}}\tilde{\boldsymbol{\rho}}_c)}{\mathrm{Tr}\,(\tilde{\boldsymbol{\rho}}_c)}$$

として求めればよい。

この式は、波動関数が規格化されていない場合に物理量の期待値を求める式

$$<A> = \frac{\langle \varphi | \hat{A} | \varphi \rangle}{\langle \varphi | \varphi \rangle} = \frac{\int_{-\infty}^{+\infty} \varphi^*(x) \hat{A} \varphi(x)\, dx}{\int_{-\infty}^{+\infty} \varphi^*(x) \varphi(x)\, dx}$$

と等価である。

演習 10-6　ある系の密度行列 $\tilde{\boldsymbol{\rho}}_c$ が

$$\tilde{\boldsymbol{\rho}}_c = \begin{pmatrix} 2 & 0 & 0 \\ 0 & 1 & 0 \\ 0 & 0 & 1 \end{pmatrix}$$ と与えられるとき、演算子の行列が $$\tilde{\boldsymbol{A}} = \begin{pmatrix} 1 & 0 & 0 \\ 0 & 0 & 0 \\ 0 & 0 & -1 \end{pmatrix}$$

と与えられるとき物理量の期待値を求めよ。

解）　$\mathrm{Tr}\,(\tilde{\boldsymbol{A}}\tilde{\boldsymbol{\rho}}_c) = (1 \cdot 2 + 0 \cdot 1 + (-1) \cdot 1) = 1$　　$\mathrm{Tr}\,(\tilde{\boldsymbol{\rho}}_c) = 2 + 1 + 1 = 4$

から、期待値は

$$<A> = \frac{\mathrm{Tr}\,(\tilde{\boldsymbol{A}}\tilde{\boldsymbol{\rho}}_c)}{\mathrm{Tr}\,(\tilde{\boldsymbol{\rho}}_c)} = \frac{1}{4}$$

となる。

ちなみに、密度行列を規格化すると

$$\tilde{\boldsymbol{\rho}} = \frac{1}{4}\begin{pmatrix} 2 & 0 & 0 \\ 0 & 1 & 0 \\ 0 & 0 & 1 \end{pmatrix}$$

となる。このとき

$$\mathrm{Tr}\,(\tilde{\boldsymbol{\rho}}) = \frac{1}{4}(2+1+1) = 1$$

となって、確率の和が 1 という関係を満たしている。

演習 10-7　ある系の密度行列 $\tilde{\rho}$ が

$$\tilde{\boldsymbol{\rho}} = \frac{1}{4}\begin{pmatrix} 2 & 0 & 0 \\ 0 & 1 & 0 \\ 0 & 0 & 1 \end{pmatrix}$$ と与えられるとき、演算子 $$\tilde{\boldsymbol{A}} = \begin{pmatrix} 1 & 0 & 0 \\ 0 & 0 & 0 \\ 0 & 0 & -1 \end{pmatrix}$$

に対応した物理量 A のゆらぎを求めよ。

解）　物理量 A のゆらぎ ΔA は

$$\Delta A = \sqrt{< A^2 > - < A >^2}$$

と与えられる。ここで A^2 の期待値は

$$< A^2 > = \mathrm{Tr}\,(\tilde{\boldsymbol{A}}^2 \tilde{\boldsymbol{\rho}}) = \mathrm{Tr}\,(\tilde{\boldsymbol{\rho}}\,\tilde{\boldsymbol{A}}^2)$$

と与えられる。ここで

$$\tilde{\boldsymbol{A}}^2 = \begin{pmatrix} 1 & 0 & 0 \\ 0 & 0 & 0 \\ 0 & 0 & -1 \end{pmatrix}\begin{pmatrix} 1 & 0 & 0 \\ 0 & 0 & 0 \\ 0 & 0 & -1 \end{pmatrix} = \begin{pmatrix} 1 & 0 & 0 \\ 0 & 0 & 0 \\ 0 & 0 & 1 \end{pmatrix}$$

であるから

$$\tilde{\boldsymbol{\rho}}\,\hat{\boldsymbol{A}}^2 = \frac{1}{4}\begin{pmatrix} 2 & 0 & 0 \\ 0 & 1 & 0 \\ 0 & 0 & 1 \end{pmatrix}\begin{pmatrix} 1 & 0 & 0 \\ 0 & 0 & 0 \\ 0 & 0 & 1 \end{pmatrix} = \frac{1}{4}\begin{pmatrix} 2 & 0 & 0 \\ 0 & 0 & 0 \\ 0 & 0 & 1 \end{pmatrix}$$

よって

$$<A^2> = \mathrm{Tr}\,(\tilde{\boldsymbol{\rho}}\,\tilde{\boldsymbol{A}}^2) = \frac{1}{4}(2+0+1) = \frac{3}{4}$$

したがって

$$\Delta A = \sqrt{<A^2> - <A>^2} = \sqrt{\frac{3}{4} - \left(\frac{1}{4}\right)^2} = \sqrt{\frac{11}{16}} = \frac{\sqrt{11}}{4}$$

となる。

このように、密度行列を利用すれば、いろいろな物理量の期待値を求めることができるのである。

ところで、分配関数は $Z = \mathrm{Tr}\{\exp(-\beta\hat{H})\}$ であるので、物理量の期待値は

$$<A> = \frac{\mathrm{Tr}\,(\tilde{\boldsymbol{A}}\tilde{\boldsymbol{\rho}}_c)}{\mathrm{Tr}\,(\tilde{\boldsymbol{\rho}}_c)} = \mathrm{Tr}\,(\tilde{\boldsymbol{A}}\tilde{\boldsymbol{\rho}}) = \frac{\mathrm{Tr}\,(\hat{A}\exp(-\beta\hat{H}))}{\mathrm{Tr}\,(\exp(-\beta\hat{H}))} = \frac{1}{Z}\mathrm{Tr}\,(\hat{A}\exp(-\beta\hat{H}))$$

と置くことができる。物理量がエネルギーの場合には $\hat{A} = \hat{H}$ となり

$$<E> = \frac{1}{Z}\mathrm{Tr}\,(\hat{H}\exp(-\beta\hat{H}))$$

となるが、右辺は

$$<E> = -\frac{1}{Z}\frac{\partial Z}{\partial \beta}$$

であるので、統計力学でえられる関係が成立していることもわかる。

10.6. ユニタリー変換

密度行列の対角成分は、それぞれのエネルギー状態の確率（密度）に対応する。ところで、物理量の期待値は

$$<A> = \mathrm{Tr}\,(\tilde{\boldsymbol{A}}\tilde{\boldsymbol{\rho}}) = \frac{1}{Z}\mathrm{Tr}\,(\hat{A}\exp(-\beta\hat{H}))$$

と置くことができ、トレースだけに注目していさえすれば、物理量がえられる

ことになる。

ところで、量子力学においては、正規直交基底を変換することが可能である。この基底間の変換には、ユニタリー変換 (unitary transformation) という手法が使われるが、実は、行列をユニタリー変換しても、トレースそのものは変化しないことが知られている。つまり、基底の種類に関係なく、本章で紹介した手法が適用できることになる。これが、分配関数に行列のトレースを用いる利点である。

量子力学における物理量に対応した行列は**エルミート行列** (Hermitian matrix) でなければならない。エルミート行列の固有値は実数値となり、物理的実態となる（『なるほど量子力学 I－ 行列力学入門』（海鳴社）参照)。

具体的に行列要素を書けば

$$\tilde{A} = \begin{pmatrix} a_{11} & a_{12} & \cdots & a_{1n} \\ a_{21} & a_{22} & \cdots & a_{2n} \\ \vdots & \vdots & \ddots & \vdots \\ a_{n1} & a_{n2} & \cdots & a_{nn} \end{pmatrix} = \begin{pmatrix} a_{11} & a_{12} & \cdots & a_{1n} \\ a_{12}{}^* & a_{22} & \cdots & a_{2n} \\ \vdots & \vdots & \ddots & \vdots \\ a_{1n}{}^* & a_{2n}{}^* & \cdots & a_{nn} \end{pmatrix}$$

がエルミート行列である。つまり、**転置** (transpose) かつ**複素共役** (complex conjugate) な行列、すなわち、**随伴行列** (adjoint matrix) が自身に一致する行列である。自身が随伴の性質を有することから**自己随伴行列** (self adjoint matrix) とも呼ばれる。行列の成分で書けば

$$a_{ji} = a_{ij}{}^*$$

という関係にある行列である。行列で表記すると

$$\tilde{A} = {}^t\tilde{A}^*$$

となる。t は転置を、$*$は複素共役を意味する。

演習 10-8　エルミート行列の対角成分が実数となることを示せ。

解）　成分 $\{a_{ij}\}$ で考える。エルミート行列では

$$a_{ji} = a_{ij}{}^*$$

が成立するが、対角成分は $i = j$ であるから

$$a_{ii} = a_{ii}{}^*$$

となる。これは、対角成分は実数となることを示している。

ここで、ある正規直交基底から、別の正規直交基底への変換について復習してみよう。ユニタリー行列 $\tilde{\boldsymbol{U}}$ を使えば

$$|\phi\rangle = \tilde{\boldsymbol{U}}|\varphi\rangle$$

という変換によって、正規直交基底 $|\varphi\rangle$ から別の正規直交基底 $|\phi\rangle$ へと変換することができる。**ユニタリー行列** (unitary matrix) とは、つぎの性質をもった正方行列 (square matrix) である。

$$\tilde{\boldsymbol{U}}\tilde{\boldsymbol{U}}^{+} = \tilde{\boldsymbol{U}}^{+}\tilde{\boldsymbol{U}} = \tilde{\boldsymbol{I}}$$

ここで $\tilde{\boldsymbol{U}}^{+}$ は $\tilde{\boldsymbol{U}}$ の随伴行列 (adjoint matrix) ということを意味している。すなわち、自身の転置共役行列が、**逆行列** (inverse matrix) となり

$$\tilde{\boldsymbol{U}}^{+} = {}^{t}\tilde{\boldsymbol{U}}^{*} = \tilde{\boldsymbol{U}}^{-1}$$

という関係にある。

演習 10-9　正規直交基底に $|\phi\rangle = \tilde{\boldsymbol{U}}|\varphi\rangle$ というユニタリー変換を施したとき、内積が変化しないことを示せ。

解)　　$|\phi\rangle = \tilde{\boldsymbol{U}}|\varphi\rangle$　　のとき　　$\langle\phi| = \langle\varphi|\tilde{\boldsymbol{U}}^{+}$

である。よって

$$\langle\phi|\phi\rangle = \langle\varphi|\tilde{\boldsymbol{U}}^{+}\tilde{\boldsymbol{U}}|\varphi\rangle = \langle\varphi|\varphi\rangle$$

となって、ユニタリー変換によって、内積は不変である。

また、演算子であるエルミート行列に対して　$\tilde{\boldsymbol{H}}' = \tilde{\boldsymbol{U}}^{+}\tilde{\boldsymbol{H}}\tilde{\boldsymbol{U}}$ という変換を行うと、あたらしい正規直交基底に対応できる。つまり

$$\tilde{\boldsymbol{H}}|\varphi\rangle = E|\varphi\rangle \qquad \text{のとき} \qquad |\phi\rangle = \tilde{\boldsymbol{U}}|\varphi\rangle$$

というユニタリー変換を施すと

$$\langle \phi | \tilde{\boldsymbol{H}}' | \phi \rangle = \langle \varphi | \tilde{\boldsymbol{U}}^{+} \tilde{\boldsymbol{H}} \tilde{\boldsymbol{U}} | \varphi \rangle$$

となる。

演習 10-10　正規直交基底にユニタリー変換を施しても、$\mathrm{Tr}(\tilde{\boldsymbol{\rho}})$ ならびに $\mathrm{Tr}(\tilde{\boldsymbol{A}}\tilde{\boldsymbol{\rho}})$ が変化しないことを示せ。

解）　$\mathrm{Tr}(\tilde{\boldsymbol{A}}\,\tilde{\boldsymbol{B}}) = \mathrm{Tr}(\tilde{\boldsymbol{B}}\,\tilde{\boldsymbol{A}})$ を利用する。

$$\mathrm{Tr}(\tilde{\boldsymbol{U}}^{+}\tilde{\boldsymbol{\rho}}\,\tilde{\boldsymbol{U}}) = \mathrm{Tr}(\tilde{\boldsymbol{\rho}}\,\tilde{\boldsymbol{U}}\tilde{\boldsymbol{U}}^{+}) = \mathrm{Tr}(\tilde{\boldsymbol{\rho}}\,\tilde{\boldsymbol{I}}) = \mathrm{Tr}(\tilde{\boldsymbol{\rho}})$$

となる。また

$$\mathrm{Tr}\left\{\left(\tilde{\boldsymbol{U}}^{+}\tilde{\boldsymbol{A}}\,\tilde{\boldsymbol{U}}\right)\left(\tilde{\boldsymbol{U}}^{+}\tilde{\boldsymbol{\rho}}\,\tilde{\boldsymbol{U}}\right)\right\} = \mathrm{Tr}\left(\tilde{\boldsymbol{U}}^{+}\tilde{\boldsymbol{A}}\tilde{\boldsymbol{U}}\tilde{\boldsymbol{U}}^{+}\,\tilde{\boldsymbol{\rho}}\tilde{\boldsymbol{U}}\right) = \mathrm{Tr}\left(\tilde{\boldsymbol{U}}^{+}\tilde{\boldsymbol{A}}\tilde{\boldsymbol{\rho}}\,\tilde{\boldsymbol{U}}\right)$$

$$= \mathrm{Tr}(\tilde{\boldsymbol{A}}\tilde{\boldsymbol{\rho}}\tilde{\boldsymbol{U}}\tilde{\boldsymbol{U}}^{+}) = \mathrm{Tr}(\tilde{\boldsymbol{A}}\tilde{\boldsymbol{\rho}})$$

となって、トレースは変化しない。

このように、任意の正規直交基底において、分配関数や物理量の期待値は変化しないことになる。これが、密度行列とトレースを利用する利点である。

そして、分配関数 Z が $Z = \mathrm{Tr}\{\exp(-\beta\hat{H})\}$ のようにハミルトニアンによって与えられれば、統計力学の手法によって、系の熱力学的諸量を求めることができるのである。

さらに、粒子数が変化する場合には

$$Z_G = \mathrm{Tr}\,[\exp\{-\beta(\hat{H} - \mu\hat{N})\}\,]$$

のような大分配関数を使えばよい。ただし、$\hat{N}$ は**数演算子** (number operator) と呼ばれる演算子で、波動関数に作用し、固有値として粒子数を与える。この演算子は、「場の量子論」で活躍するもので、近刊の『なるほど生成消滅演算子』でその詳細を紹介する予定である。

補遺1　熱力学

熱力学の第一法則は

$$dQ = dU + PdV$$

となる。これは、系に熱 dQ を与えると、一部は外部への仕事 PdV に使われ、残りは内部エネルギー dU として、系に蓄えられるというものであり、熱力学版のエネルギー保存則に相当する。

ここで、エントロピーの定義は

$$dS = \frac{dQ}{T}$$

から

$$TdS = dU + PdV$$

となり

$$dS = \frac{1}{T}dU + \frac{P}{T}dV$$

という関係式がえられる。

ここで、エントロピー S は内部エネルギー U と体積 V を変数とする関数 $S(U, V)$ とみなす。すると、その全微分は

$$dS = dS(U,V) = \frac{\partial S(U,V)}{\partial U}dU + \frac{\partial S(U,V)}{\partial V}dV$$

となる。あるいは

$$dS = \left(\frac{\partial S}{\partial U}\right)_V dU + \left(\frac{\partial S}{\partial V}\right)_U dV$$

と略記する。

これを、上掲の dS の式と項を比較すれば

$$\left(\frac{\partial S}{\partial U}\right)_V = \frac{1}{T} \qquad \left(\frac{\partial S}{\partial V}\right)_U = \frac{P}{T}$$

という関係がえられる。

したがって、体積 V が一定の場合には、偏微分を常微分に変えて

$$\frac{dS}{dU} = \frac{1}{T}$$

という関係がえられる。

実は、今後の取り扱いで、頻繁に登場するが、統計力学では、系の体積が一定の場合、その内部エネルギー U と系のエネルギー E が一致するとして、U と E が同じものとして扱う場合が多い。したがって、V 一定のとき

$$\frac{dS}{dE} = \frac{1}{T}$$

という関係式も登場する。

また、定積比熱 C_V は

$$C_V = \left(\frac{\partial U}{\partial T}\right)_V$$

となるが、固体の比熱に関しては、体積変化は無視できるので

$$C = \frac{dU}{dT} = \frac{dE}{dT}$$

とすることもある。

つぎに、**ギブス・ヘルムホルツの式** (Gibbs Helmholtz relation) も導出しておこう。まず、ヘルムホルツの自由エネルギー F は

$$F = U - TS$$

によって与えられる。ここで、両辺の微分をとると

$$dF = dU - TdS - SdT$$

となる。

ここで、先ほどの、熱力学の第一法則を変形した式 $TdS = dU + PdV$ を代入すると

$$dF = -SdT - PdV$$

よって、体積が一定の場合

$$S = -\left(\frac{\partial F}{\partial T}\right)_V$$

となる。つぎに、$F = U - TS$ から

$$U = F + TS$$

となるので、いまの関係式を代入すると

$$U = F - T\left(\frac{\partial F}{\partial T}\right)_V$$

となる。ここで、F/T を T に関して微分してみよう。すると

$$\frac{d}{dT}\left(\frac{F}{T}\right) = \frac{1}{T}\frac{dF}{dT} - F\frac{1}{T^2}$$

となる。したがって

$$T^2\frac{d}{dT}\left(\frac{F}{T}\right) = T\frac{dF}{dT} - F$$

となる。よって

$$U = F - T\left(\frac{\partial F}{\partial T}\right)_V = -T^2\left[\frac{\partial}{\partial T}\left(\frac{F}{T}\right)\right]_V$$

という関係がえられる。

したがって、体積 V が一定ならば、偏微分を常微分に変えて

$$\frac{d}{dT}\left(\frac{F}{T}\right) = -\frac{U}{T^2}$$

となる。

この式を**ギブス・ヘルムホルツの式**と呼んでいる。

補遺 2　運動量空間の単位胞

一辺の長さが L の立方体の中に閉じ込められたミクロ粒子の量子力学的状態を考えてみよう。

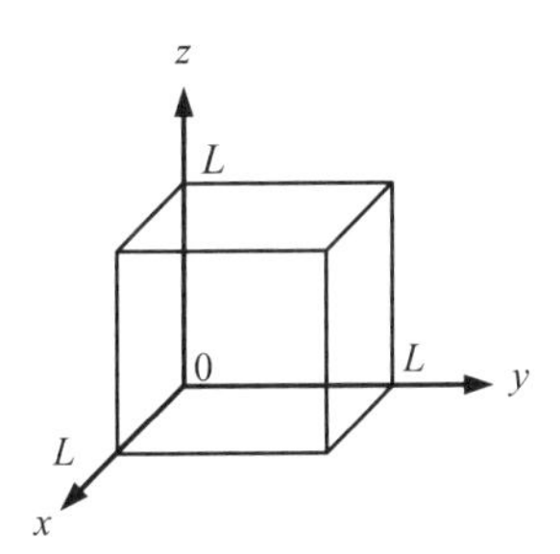

図 A2-1　ミクロ粒子の閉じ込められている立方体

まず、ミクロ粒子は、3 次元空間を運動しているので、つぎの 3 次元のシュレーディンガー方程式に従う。

$$-\frac{\hbar^2}{2m}\left(\frac{\partial^2}{\partial x^2}+\frac{\partial^2}{\partial y^2}+\frac{\partial^2}{\partial z^2}\right)\psi(x,y,z)+V(x,y,z)\psi(x,y,z)=E(x,y,z)\psi(x,y,z)$$

ただし、$\hbar$ はプランク定数 h を 2πで除したものである。また、V はポテンシャルエネルギー、E は運動エネルギーに対応する。

ここで、$\psi(x,y,z)$ がミクロ粒子の波動関数であり、この微分方程式を解くことによって、その運動状態を解析できる。

ミクロ粒子が動ける範囲は

$$0 \le x \le L,\quad 0 \le y \le L,\quad 0 \le z \le L$$

であり、この領域では、ミクロ粒子は自由に動くことができるので、ポテンシャ

ルエネルギーは

$$V(x,y,z)=0$$

である。

この箱の外に粒子は出ないので、この範囲外で、ポテンシャルエネルギーVは∞と考えることもできる。

また、相互作用のない3次元のミクロ粒子の波動関数 (wave function) は

$$\psi(x,y,z)=\varphi(x)\varphi(y)\varphi(z)$$

のように、3個の波動関数に変数分離することができる。これは、x方向の運動は、y方向やz方向の影響を受けないからである。

そこで、x方向にのみ注目して、まず解を求めよう。すると

$$-\frac{\hbar^2}{2m}\frac{\partial^2\varphi(x)}{\partial x^2}=E_x\varphi(x)$$

となる。ここで、x方向の運動エネルギーは運動量をp_xとすると

$$E_x=\frac{{p_x}^2}{2m}$$

である。よって

$$\frac{\hbar^2}{2m}\frac{\partial^2\varphi(x)}{\partial x^2}+\frac{{p_x}^2}{2m}\varphi(x)=0 \qquad \text{から} \qquad \hbar^2\frac{\partial^2\varphi(x)}{\partial x^2}+{p_x}^2\varphi(x)=0$$

となる。

ここで、境界条件$\varphi(0)=\varphi(L)=0$のもとで、この2階線型微分方程式を解いてみよう。

この微分方程式は

$$\varphi(x)=e^{\lambda x}=\exp(\lambda x)$$

という解を有することが知られている。表記の微分方程式に代入すると

$$\hbar^2\lambda^2\exp(\lambda x)+{p_x}^2\exp(\lambda x)=0$$

から、特性方程式は

$$\hbar^2\lambda^2+{p_x}^2=0 \qquad \text{となり} \qquad \lambda=\pm i\frac{p_x}{\hbar}$$

と与えられる。

よって、一般解は、A, B を定数として

$$\varphi(x) = A\exp\left(i\frac{p_x}{\hbar}x\right) + B\exp\left(-i\frac{p_x}{\hbar}x\right)$$

となる。

ここで、境界条件 $\varphi(0)=0$ から

$$\varphi(0) = A + B = 0$$

より $B=-A$ となり

$$\varphi(x) = A\exp\left(i\frac{p_x}{\hbar}x\right) - A\exp\left(-i\frac{p_x}{\hbar}x\right)$$

オイラーの公式

$$\exp\left(\pm i\frac{p_x}{\hbar}x\right) = \cos\left(\frac{p_x}{\hbar}x\right) \pm i\sin\left(\frac{p_x}{\hbar}x\right)$$

から

$$\varphi(x) = A\left\{\cos\left(\frac{p_x}{\hbar}x\right) + i\sin\left(\frac{p_x}{\hbar}x\right)\right\} - A\left\{\cos\left(\frac{p_x}{\hbar}x\right) - i\sin\left(\frac{p_x}{\hbar}x\right)\right\}$$

$$= 2Ai\sin\left(\frac{p_x}{\hbar}x\right)$$

となる。

i は虚数であるが、この実部である $2A\sin\left(\frac{p_x}{\hbar}x\right)$ が表記の微分方程式の解となることが確かめられる。

つぎの境界条件 $\varphi(L)=0$ から

$$\sin\left(\frac{p_x}{\hbar}L\right) = 0$$

より

$$\frac{p_x}{\hbar}L = n\pi \qquad n = 0, 1, 2, \ldots$$

となる。

よって、C を任意定数として

$$\varphi(x) = C\sin\left(\frac{n\pi}{L}x\right) \qquad n = 0,\ 1,\ 2, \ldots$$

となる。

したがって、波動関数は図 A2-2 のような sin 波となる。

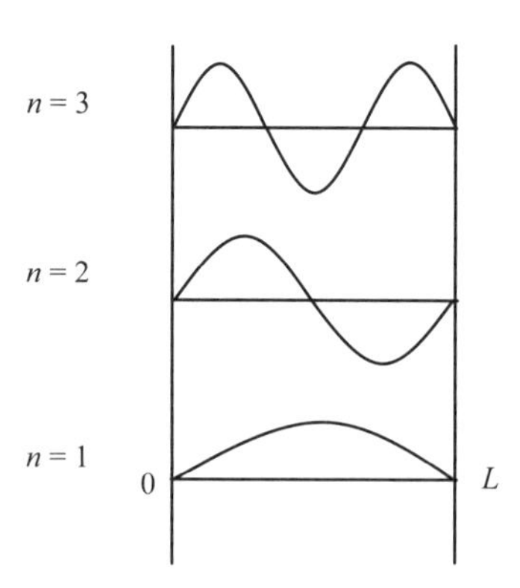

図 A2-2　箱の中に閉じ込められたミクロ粒子の波動関数

さらに、定数 C は、規格化条件

$$\int_{-\infty}^{+\infty} |\varphi(x)|^2 dx = 1$$

から求められる。これは、波動関数の絶対値の 2 乗が、ミクロ粒子の存在確率に対応しており、全空間で積分すれば 1 になるということを意味している。

これを、いまの波動関数にあてはめると

$$\int_{-\infty}^{+\infty} |\varphi(x)|^2 dx = \int_0^L \left| C\sin\left(\frac{n\pi}{L}x\right)\right|^2 dx = 1$$

となる。ここで、被積分関数は、倍角の公式を使って

$$\left| C\sin\left(\frac{n\pi}{L}x\right)\right|^2 = C^2\sin^2\left(\frac{n\pi}{L}x\right) = \frac{C^2}{2}\left\{1 - \cos\left(\frac{2n\pi}{L}x\right)\right\}$$

と変形できるので、規格化条件は

$$\int_0^L \left| C\sin\left(\frac{n\pi}{L}x\right)\right|^2 dx = \left[\frac{C^2}{2}\left\{x - \frac{L}{2n\pi}\sin\left(\frac{2n\pi}{L}x\right)\right\}\right]_0^L = \frac{LC^2}{2} = 1$$

よって、定数項 C は

$$C = \pm\sqrt{\frac{2}{L}}$$

となる。

結局、規格化された波動関数は

$$\varphi(x) = \pm\sqrt{\frac{2}{L}}\sin\left(\frac{n\pi}{L}x\right)$$

と与えられる。

ここで、状態数を求めるうえで重要な情報は、一辺の長さが L の立方体の箱に閉じ込められたミクロ粒子の運動量は

$$\frac{p_x}{\hbar}L = n\pi \qquad n = 0, \pm1, \pm2, \ldots$$

から

$$p_x = \frac{n\hbar\pi}{L} = \frac{n(h/2\pi)\pi}{L} = \frac{nh}{2L} \qquad n = \pm1, \pm2, \ldots$$

のように量子化されるという事実である。0 を除外したのは、分子が静止した状態を想定していないからである。このとき、エネルギー E も量子化されて

$$E_x = \frac{{p_x}^2}{2m} = {n_x}^2\frac{h^2}{8mL^2} \qquad n_x = \pm1, \pm2, \ldots$$

となる。

運動量が量子化されるという結果は、y および z 方向にも適用でき

$$p_x = \frac{n_x h}{2L} \qquad p_y = \frac{n_y h}{2L} \qquad p_z = \frac{n_z h}{2L}$$

となる。それぞれ、n_x, n_y, n_z は 0 を含まない整数である。そして、3 次元空間を自由に運動するミクロ粒子のエネルギーは

$$E = \frac{{p_x}^2 + {p_y}^2 + {p_z}^2}{2m} = ({n_x}^2 + {n_y}^2 + {n_z}^2)\frac{h^2}{8mL^2}$$

となる。

　このように、量子力学によると、運動量もエネルギーも離散的に飛び飛びの値をとる。そして、運動量に関しては、その間隔は、ひとつの方向では

$$a = \frac{h}{2L}$$

となる。すると、運動量空間において、ミクロ粒子 1 個が占めることのできる最小の大きさは

$$a^3 = \frac{h^3}{8L^3}$$

ということになる。

補遺3　量子力学的調和振動子

ミクロ粒子に原点からの距離に比例して復元力が働く場合、距離を x、比例定数（あるいはばね定数）を k とすると、復元力は $F(x)=-kx$

となる。よって、そのポテンシャル場は

$$V(x)=-\int F(x)dx=\int kxdx=\frac{1}{2}kx^2$$

となる。したがって、シュレーディンガー方程式

$$-\frac{\hbar^2}{2m}\frac{d^2\varphi(x)}{dx^2}+V(x)\varphi(x)=E\varphi(x)$$

において、ポテンシャルを $V(x)=(1/2)kx^2$ と置いたものとなる。

よって、シュレーディンガー方程式は

$$-\frac{\hbar^2}{2m}\frac{d^2\varphi(x)}{dx^2}+\frac{kx^2}{2}\varphi(x)=E\varphi(x)$$

となる。ここで、単振動の角周波数をωとすると $\omega=\sqrt{k/m}$ という関係にあるから

$$-\frac{\hbar^2}{2m}\frac{d^2\varphi(x)}{dx^2}+\frac{m\omega^2x^2}{2}\varphi(x)=E\varphi(x)$$

となる。変形すると

$$\frac{d^2\varphi(x)}{dx^2}-\frac{m^2\omega^2}{\hbar^2}x^2\varphi(x)=-\frac{2mE}{\hbar^2}\varphi(x)$$

さらに工夫して

$$\frac{\hbar}{m\omega}\frac{d^2\varphi(x)}{dx^2}-\frac{m\omega}{\hbar}x^2\varphi(x)=-\frac{2E}{\hbar\omega}\varphi(x)$$

と変形する。ここで

$$\xi = \sqrt{\frac{m\omega}{\hbar}}x$$

の変数変換を行う（ξは英文字の x に対応したギリシャ文字で、クシイあるいはグザイと読む)。

すると

$$\frac{d^2\varphi(x)}{dx^2} = \frac{m\omega}{\hbar}\frac{d^2\varphi(\xi)}{d\xi^2} \qquad \xi^2 = \frac{m\omega}{\hbar}x^2$$

となるから、表記の微分方程式は

$$\frac{d^2\varphi(\xi)}{d\xi^2} - \xi^2\varphi(\xi) = -\frac{2E}{\hbar\omega}\varphi(\xi)$$

と簡単となる。さらに $\varepsilon = \dfrac{2E}{\hbar\omega} = \dfrac{2E}{h\nu}$ と置きなおす[1]と

$$\frac{d^2\varphi(\xi)}{d\xi^2} - \xi^2\varphi(\xi) = -\varepsilon\varphi(\xi) \qquad \frac{d^2\varphi(\xi)}{d\xi^2} + \left(\varepsilon - \xi^2\right)\varphi(\xi) = 0$$

という微分方程式がえられる。

これは、2 階の線形微分方程式である。ただし、このかたちのままでは、簡単に解法することはできず、さらに工夫が必要となる。一般的には、フロベニウス法によって級数解を求めるが、それを、このまま行うと煩雑になる。 ここで、まず、$\varepsilon = 1$ の場合を想定してみよう。これは、$E = \hbar\omega/2$ に相当し、表記の微分方程式は

$$\frac{d^2\varphi(\xi)}{d\xi^2} - (\xi^2 - 1)\varphi(\xi) = 0$$

となる。この特殊解は $\varphi(\xi) = \exp(-\xi^2/2)$ と与えられる。よって、もとの微分方程式の解として $\varphi(\xi) = f(\xi)\exp(-\xi^2/2)$ というかたちを仮定して代入してみよう。すると

---

[1] これは、エネルギーをエネルギー量子 $h\nu$ で規格化して無次元化したものとみなすことができる。ここで ν は振動数、ω は角振動数であり、$\omega = 2\pi\nu$ という関係にある。また、$\hbar = h/2\pi$ であるので、$h\nu = \hbar\omega$ という関係にある。

$$\frac{d^2 f(\xi)}{d\xi^2}\exp\left(-\frac{\xi^2}{2}\right)-2\xi\frac{df(\xi)}{d\xi}\exp\left(-\frac{\xi^2}{2}\right)+(\varepsilon-1)f(\xi)\exp\left(-\frac{\xi^2}{2}\right)=0$$

となり

$$\frac{d^2 f(\xi)}{d\xi^2}-2\xi\frac{df(\xi)}{d\xi}+(\varepsilon-1)f(\xi)=0$$

という2階線形微分方程式がえられる。この微分方程式の解を求めるために、級数を利用する。

$$f(\xi)=a_0+a_1\xi+a_2\xi^2+...+a_n\xi^n+...$$

というかたちの解を仮定し、微分方程式に代入して、方程式を満足するように係数を求める。

$$\frac{df(\xi)}{d\xi}=a_1+2a_2\xi+3a_3\xi^2+...+na_n\xi^{n-1}+...$$

$$\frac{d^2 f(\xi)}{d\xi^2}=2a_2+3\cdot 2a_3\xi+4\cdot 3a_4\xi^2+...+n(n-1)a_n\xi^{n-2}+...$$

であるから、これらを微分方程式に代入すると

$$2a_2+3\cdot 2a_3\xi+...+n(n-1)a_n\xi^{n-2}+...\ -2\xi(a_1+2a_2\xi+3a_3\xi^2+...+na_n\xi^{n-1}+...)$$
$$+(\xi-1)(a_0+a_1\xi+a_2\xi^2+...+a_n\xi^n+...)=0$$

となる。

この方程式が成立するためには、それぞれのべき項の係数が0でなければならない。よって、係数は

$$2a_2+(\varepsilon-1)a_0=0 \qquad 3\cdot 2a_3-2a_1+(\varepsilon-1)a_1=0 \qquad 4\cdot 3a_4-4a_2+(\varepsilon-1)a_2=0$$
$$5\cdot 4a_5-6a_3+(\varepsilon-1)a_3=0 \quad ..... \quad (n+2)(n+1)a_{n+2}-2na_n+(\varepsilon-1)a_n=0$$

を満足しなければならない。

すると

$$a_2=\frac{1-\varepsilon}{2}a_0 \qquad a_3=\frac{3-\varepsilon}{3\cdot 2}a_1 \qquad a_4=\frac{5-\varepsilon}{4\cdot 3}a_2=\frac{(5-\varepsilon)(1-\varepsilon)}{4\cdot 3\cdot 2}a_0$$

$$a_5=\frac{7-\varepsilon}{5\cdot 4}a_3=\frac{(7-\varepsilon)(3-\varepsilon)}{5\cdot 4\cdot 3\cdot 2}a_1=\frac{(7-\varepsilon)(3-\varepsilon)}{5!}a_1$$

今後も続けて

$$a_6 = \frac{(9-\varepsilon)(5-\varepsilon)(1-\varepsilon)}{6!} a_0 \qquad a_7 = \frac{(11-\varepsilon)(7-\varepsilon)(3-\varepsilon)}{7!} a_1 \quad \ldots$$

となるので

$$f(\xi) = a_0 + a_1\xi + \frac{1-\varepsilon}{2!} a_0\xi^2 + \frac{3-\varepsilon}{3!} a_1\xi^3 + \frac{(5-\varepsilon)(1-\varepsilon)}{4!} a_0\xi^4 + \frac{(7-\varepsilon)(3-\varepsilon)}{5!} a_1\xi^5 + \ldots$$

という**無限べき級数** (infinite power series) となる。

この式は無限級数であるため、いくらでも高次の ξ^n が現れる。ξ は距離に対応する変数であるから、このままでは発散する。よって、物理的な意味を持つためには、発散を回避する必要がある。

ここで、級数をつぎのように a_0 と a_1 で括ってみる。

$$f(\xi) = a_0\left(1 + \frac{1-\varepsilon}{2!}\xi^2 + \frac{(5-\varepsilon)(1-\varepsilon)}{4!}\xi^4 + \frac{(9-\varepsilon)(5-\varepsilon)(1-\varepsilon)}{6!}\xi^6 + \ldots\right)$$

$$+ a_1\left(\xi + \frac{3-\varepsilon}{3!}\xi^3 + \frac{(7-\varepsilon)(3-\varepsilon)}{5!}\xi^5 + \frac{(11-\varepsilon)(7-\varepsilon)(3-\varepsilon)}{7!}\xi^7 + \ldots\right)$$

ここで、エネルギーに相当する ε が $\varepsilon = 3$ とすると、これより高次の ξ に対応した a_1 項はすべて 0 となる。よって、$a_0 = 0$ とすれば、有限な解がえられ

$$f(\xi) = a_1\xi$$

となる。これは、シュレーディンガー方程式を満足する調和振動子の解は、エネルギー ε が離散的であるということを示している。

つぎに、$\varepsilon = 5$ とすると、これより高次の ξ に対応した a_0 項はすべて 0 となる。よって、$a_1 = 0$ とすれば、物理的に意味のある解として

$$f(\xi) = a_0 - 2a_0\xi^2$$

がえられる。

さらに、級数展開式からわかるように、ε は奇数しかとらないので、n を整数として、$\varepsilon = 2n+1$ となる。よって

$$\varepsilon = \frac{2E}{\hbar\omega} \quad \text{から} \quad E = \left(n + \frac{1}{2}\right)\hbar\omega$$

のように、飛び飛びの値をとる。

上記の級数展開が発散しないように、n が偶数の場合は $a_1 = 0$、n が奇数の場合は $a_0 = 0$ という条件を課すと、調和振動子の解は

$n=0$, $\varepsilon=1$ で $E=\dfrac{1}{2}\hbar\omega$ のとき

$$\varphi(\xi)=a_0\exp\left(-\frac{\xi^2}{2}\right)$$

$n=1$, $\varepsilon=3$ で $E=\dfrac{3}{2}\hbar\omega$ のとき

$$\varphi(\xi)=a_1\xi\exp\left(-\frac{\xi^2}{2}\right)$$

$n=2$, $\varepsilon=5$ で $E=\dfrac{5}{2}\hbar\omega$ のとき

$$\varphi(\xi)=a_0(1-2\xi^2)\exp\left(-\frac{\xi^2}{2}\right)$$

$n=3$, $\varepsilon=7$ で $E=\dfrac{7}{2}\hbar\omega$ のとき

$$\varphi(\xi)=a_1\left(\xi-\frac{2}{3}\xi^3\right)\exp\left(-\frac{\xi^2}{2}\right)$$

となる。これら解を図 A3-3 に示す。

いちばんエネルギーが低い場合には、中心付近に波動関数のピークがあるが、つぎのエネルギーレベルでは、逆に中心付近で波動関数はゼロとなっている。調和振動子では、中心方向に常に力が働いているので、直観では、中心近傍を振動しているように思われるが、実際にシュレーディンガー方程式を解いてみるとそうなっていない。

すでに示したように、調和振動子のエネルギーは、量子化されて

$$E_n=\left(n+\frac{1}{2}\right)\hbar\omega$$

となる。

このとき、$n=0$ という量子数に対して $E_0=\left(0+\dfrac{1}{2}\right)\hbar\omega=\dfrac{1}{2}\hbar\omega$ というエネルギーが対応する。

これより高いエネルギーレベルは、量子数 $n=1, 2, 3, 4,\ldots$ に対応して

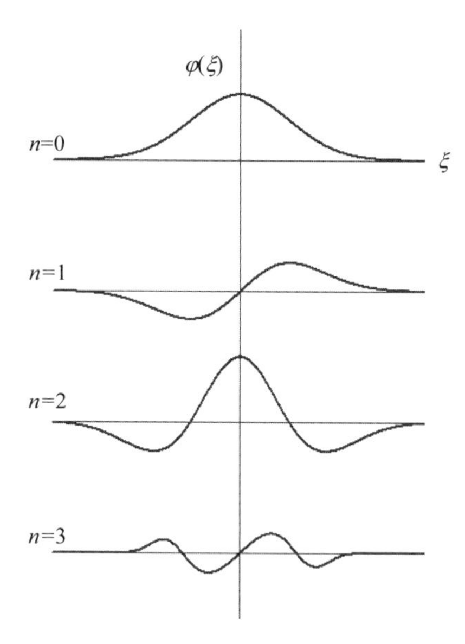

図 A3-3　調和振動子に対応したシュレーディンガー方程式の解

$$E_1 = \frac{3}{2}\hbar\omega,\ \ E_2 = \frac{5}{2}\hbar\omega,\ \ E_3 = \frac{7}{2}\hbar\omega,\ \ E_4 = \frac{9}{2}\hbar\omega, \ldots$$

となる。

補遺4　示強変数と示量変数

熱力学関数は、**示強性** (intensive property) を示すものと、**示量性** (extensive property) を示すものとに分類できる。示量性とは、系の量が 2 倍になれば、その値も 2 倍になることを指す。示強性とは、系の量を増やしても、値が変わらない性質を指す。

例えば、**状態方程式** (state equation) : $PV = nRT$ に登場する変数において、体積 V やモル数 n は**示量変数** (extensive variable) であり、温度 T や圧力 P は**示強変数** (intensive variable) である。

具体例で考えよう。体積が V の気体に、同じ体積 V の気体を加えることを考えよう。すると、体積は 2 倍になり、含まれている粒子数も 2 倍になるので、モル数も 2 倍になる。よって、これら諸量は示量変数である。

一方、体積を 2 倍に増やしても、温度や圧力の値は変わらないままである。50°C のお湯に 50°C のお湯を足しても 100°C にはならず、50°C のままである。同じ圧力の気体どうしを一緒にしたからといって、圧力が増えるわけではない。よって、これらは示強変数である。

ここで、状態方程式を見てみよう。

$$PV = nRT = Nk_B T$$

左辺は、示強変数 P と示量変数 V の積となっている。右辺は、気体定数 R を除けば、モル数 n と温度 T の積であるが、こちらは、示強変数 T と示量変数 n の積となっている。ちなみに、粒子数 N は示量変数である。まとめると

（示強変数）×（示量変数）=（示量変数）×（定数）×（示強変数）

となっている。このように、示量変数が 1 個ずつ、両辺に入っている。もし、示量変数の数が両辺で異なると、整合性が失われてしまう。

それでは、エネルギーE はどうであろうか。実は、エネルギーは示量変数であ

る。例えば、100°C のお湯 1ℓ に比べて、2ℓ のほうが、ものを温める能力は 2 倍になる。

状態方程式の両辺はエネルギーに対応しており

$$E = PV = Nk_B T$$

と書ける。そして、いずれも示強変数と示量変数の積となっているので、エネルギーは示量変数となる。

それでは、エントロピーSはどうであろうか。まず、式から考えてみよう。ヘルムホルツの自由エネルギーFは

$$F = U - TS$$

と与えられる。Fも内部エネルギーUも示量変数である。ここで、温度Tは示強変数であるから、式の整合性をとるためには、エントロピーSは示量変数ということになる。

さらに、熱容量 (heat capacity) は示量変数であるが、比熱 (specific heat) は示強変数である。比熱に限らず、比重など単位量あたりの物理量はすべて示強変数となる。英語では"specific"という接頭語がつく。

最後に、まとめとして、熱力学において登場する状態量を示量変数と示強変数に分類しておこう。

示強変数 (intensive variable)

温度: temperature (T)、圧力: pressure (P)、定積比熱: specific heat under constant volume (C_V)、定圧比熱: specific heat under constant pressure (C_P)、化学ポテンシャル: chemical potential (μ)、密度: density (ρ)

示量変数 (extensive variable)

体積: volume (V)、エネルギー: energy (E)、ギブス自由エネルギー: Gibbs free energy (G)、ヘルムホルツ自由エネルギー: Helmholtz free energy (F)、エントロピー: entropy (S)、内部エネルギー: internal energy (U)、モル数: molar number (n)、粒子数: number of particles (N)、質量: mass (m)

示強変数と示量変数には、圧力 (P) と体積 (V) のように、互いにかけあわせ

るとエネルギーの次元をもった示量変数 PV となるものがある。このような組み合わせを**共役変数** (a pair of conjugate variables) と呼んでいる。

TS を構成する温度 (T) とエントロピー (S) や、$N\mu$を構成する化学ポテンシャル (μ) と粒子数 (N) なども互いに共役な状態量である。そして、エネルギーの次元を持った状態量は $G, F, U, E, PV, nRT, Nk_BT, TS, N\mu$ となる。

補遺 5　ガンマ関数

ガンマ関数 (Γ function) は次の積分によって定義される特殊関数である。

$$\Gamma(x) = \int_0^\infty t^{x-1} e^{-t} dt$$

この関数は**階乗**(factorial)と同じ働きをするので、物理数学において階乗の近似を行うときなどに利用される。その特徴をまず調べてみよう。**部分積分** (integration by parts) を利用すると

$$\Gamma(x+1) = \int_0^\infty t^x e^{-t} dt = \left[-t^x e^{-t}\right]_0^\infty + x\int_0^\infty t^{x-1} e^{-t} dt$$

と変形できる。ここで右辺の第 1 項において、 x が負であると、この積分の下端で $t \to 0$ で、 $t^x \to \infty$ と発散してしまうので値がえられない。このため、この積分を使ったガンマ関数の定義域は正の領域となる。ここで $x > 0$ とすると、この積分は

$$\Gamma(x+1) = \int_0^\infty t^x e^{-t} dt = \left[-t^x e^{-t}\right]_0^\infty + x\int_0^\infty t^{x-1} e^{-t} dt = x\int_0^\infty t^{x-1} e^{-t} dt$$

と変形できる。ここで、最後の式の積分をみると、これはまさに $\Gamma(x)$ である。よって

$$\Gamma(x+1) = x\Gamma(x)$$

という**漸化式** (recursion relation) を満足することがわかる。ここで、Γ関数の定義式において $x = 1$ を代入してみよう。すると

$$\Gamma(1) = \int_0^\infty e^{-t} dt = \left[-e^{-t}\right]_0^\infty = 1$$

と計算できる。この値がわかれば、漸化式を使うと

$$\Gamma(2) = 1\Gamma(1) = 1$$

のように$\Gamma(2)$を計算することができる。同様にして漸化式を利用すると

$$\Gamma(3) = 2\Gamma(2) = 2\cdot 1$$

$$\Gamma(4) = 3\Gamma(3) = 3\cdot 2\cdot 1 = 6$$

と順次計算でき

$$\Gamma(n+1) = n\cdot(n-1)\cdot(n-2)\cdot\cdots\cdot 3\cdot 2\cdot 1 = n!$$

のように、階乗に対応していることがわかる。

補遺6　ゼータ関数

ゼータ関数 (ς function) の定義は

$$\varsigma(s)=\frac{1}{1^s}+\frac{1}{2^s}+\frac{1}{3^s}+...+\frac{1}{n^s}+...=\sum_{n=1}^{\infty}\frac{1}{n^s}$$

である。ここで s は任意の実数であるが、複素数に拡張することも可能である。

代表的なゼータ関数の値を示すと

$$\varsigma(2)=\frac{1}{1^2}+\frac{1}{2^2}+\frac{1}{3^2}+...+\frac{1}{n^2}+...=\frac{\pi^2}{6}$$

$$\varsigma(4)=\frac{1}{1^4}+\frac{1}{2^4}+\frac{1}{3^4}+...+\frac{1}{n^4}+...=\frac{\pi^4}{90}$$

となる。

オイラーは、ゼータ関数の値を求めるために、$\sin x$ の級数展開を利用した。実は、$\sin x$ は、つぎのようなべき級数に展開できる。

$$\sin x=x-\frac{1}{3!}x^3+\frac{1}{5!}x^5-\frac{1}{7!}x^7+...+(-1)^n\frac{1}{(2n+1)!}x^{2n+1}+.....$$

$$=x\left(1-\frac{1}{3!}x^2+\frac{1}{5!}x^4-\frac{1}{7!}x^6+...+(-1)^n\frac{1}{(2n+1)!}x^{2n}+.....\right)$$

この右辺を因数分解する方法を考えよう。$\sin x=0$ を満足する x は

$$x=0,\pm\pi,\pm2\pi,\pm3\pi,\pm4\pi,....$$

となる。したがって、単純には、因数分解の因子として

$$x,(x\pm\pi),(x\pm2\pi),(x\pm3\pi),(x\pm4\pi),....$$

という項を持つことになるが、このまま、これら因子を乗じたのでは、$\sin x$ の級数と一致しない。そこで、両者が一致するように、因数分解の因子として

$$x,\ \left(1\pm\frac{x}{\pi}\right),\ \left(1\pm\frac{x}{2\pi}\right),\ \left(1\pm\frac{x}{3\pi}\right),\ \left(1\pm\frac{x}{4\pi}\right),....$$

を考えよう。すると

$$\sin x = x\left(1+\frac{x}{\pi}\right)\left(1-\frac{x}{\pi}\right)\left(1+\frac{x}{2\pi}\right)\left(1-\frac{x}{2\pi}\right)\left(1+\frac{x}{3\pi}\right)\left(1-\frac{x}{3\pi}\right)....$$

と因数分解できることになる。さらに右辺を整理すると

$$\sin x = x\left(1-\frac{x^2}{\pi^2}\right)\left(1-\frac{x^2}{2^2\pi^2}\right)\left(1-\frac{x^2}{3^2\pi^2}\right)\left(1-\frac{x^2}{4^2\pi^2}\right)....$$

となる。右辺は無限積となるが、これを展開したものが、先ほどの $\sin x$ の級数展開と一致するはずである。よって

$$1-\frac{1}{3!}x^2+\frac{1}{5!}x^4-\frac{1}{7!}x^6+... = \left(1-\frac{x^2}{\pi^2}\right)\left(1-\frac{x^2}{2^2\pi^2}\right)\left(1-\frac{x^2}{3^2\pi^2}\right)\left(1-\frac{x^2}{4^2\pi^2}\right)....$$

となる。ここで、両辺の x^2 の係数を対比させてみよう。すると、左辺では

$$-\frac{1}{3!}=-\frac{1}{6}$$

となる。右辺では

$$-\frac{1}{\pi^2}-\frac{1}{2^2\pi^2}-\frac{1}{3^2\pi^2}-\frac{1}{4^2\pi^2}-\frac{1}{5^2\pi^2}-...$$

となり、両辺が等しいので

$$\frac{1}{\pi^2}+\frac{1}{2^2\pi^2}+\frac{1}{3^2\pi^2}+\frac{1}{4^2\pi^2}+\frac{1}{5^2\pi^2}+...=\frac{1}{6}$$

から

$$\zeta(2)=1+\frac{1}{2^2}+\frac{1}{3^2}+\frac{1}{4^2}+\frac{1}{5^2}+...=\frac{\pi^2}{6}$$

となる。同様にして

$$\zeta(4)=1+\frac{1}{2^4}+\frac{1}{3^4}+\frac{1}{4^4}+\frac{1}{5^4}+...$$

の値を求めることもできる。先ほどの因数分解

$$1-\frac{1}{3!}x^2+\frac{1}{5!}x^4-\frac{1}{7!}x^6+... = \left(1-\frac{x^2}{\pi^2}\right)\left(1-\frac{x^2}{2^2\pi^2}\right)\left(1-\frac{x^2}{3^2\pi^2}\right)\left(1-\frac{x^2}{4^2\pi^2}\right)....$$

という関係において、x^4 の項の係数を比較する。

すると、左辺においては

$$\frac{1}{5!}=\frac{1}{5\cdot4\cdot3\cdot2}=\frac{1}{120}$$

となる。右辺においては

$$a=\frac{1}{\pi^2}\left(\frac{1}{2^2\pi^2}+\frac{1}{3^2\pi^2}+\frac{1}{4^2\pi^2}+\dots\right)+\frac{1}{2^2\pi^2}\left(\frac{1}{3^2\pi^2}+\frac{1}{4^2\pi^2}+\frac{1}{5^2\pi^2}+\dots\right)$$

$$+\frac{1}{3^2\pi^2}\left(\frac{1}{4^2\pi^2}+\frac{1}{5^2\pi^2}+\frac{1}{6^2\pi^2}+\frac{1}{7^2\pi^2}+\dots\right)+\dots$$

ここで

$$2a=\frac{1}{\pi^2}\left(\frac{1}{2^2\pi^2}+\frac{1}{3^2\pi^2}+\frac{1}{4^2\pi^2}+\dots\right)+\frac{1}{2^2\pi^2}\left(\frac{1}{\pi^2}+\frac{1}{3^2\pi^2}+\frac{1}{4^2\pi^2}+\frac{1}{5^2\pi^2}+\dots\right)$$

$$+\frac{1}{3^2\pi^2}\left(\frac{1}{\pi^2}+\frac{1}{2^2\pi^2}+\frac{1}{4^2\pi^2}+\frac{1}{5^2\pi^2}+\frac{1}{6^2\pi^2}+\frac{1}{7^2\pi^2}+\dots\right)+\dots$$

から

$$2a=\frac{1}{\pi^2}\left(\frac{1}{6}-\frac{1}{\pi^2}\right)+\frac{1}{2^2\pi^2}\left(\frac{1}{6}-\frac{1}{2^2\pi^2}\right)+\frac{1}{3^2\pi^2}\left(\frac{1}{6}-\frac{1}{3^2\pi^2}\right)+\dots$$

$$=\frac{1}{6}\left(\frac{1}{\pi^2}+\frac{1}{2^2\pi^2}+\frac{1}{3^2\pi^2}+\dots\right)-\frac{1}{\pi^4}\left(1+\frac{1}{2^4}+\frac{1}{3^4}+\frac{1}{4^4}+\dots\right)$$

$$=\frac{1}{6}\cdot\frac{1}{6}-\frac{1}{\pi^4}\zeta(4)=\frac{1}{36}-\frac{\zeta(4)}{\pi^4}$$

したがって

$$a=\frac{1}{72}-\frac{\zeta(4)}{2\pi^4}=\frac{1}{120}$$

から

$$\zeta(4)=2\pi^4\left(\frac{1}{72}-\frac{1}{120}\right)=\frac{\pi^4}{90}$$

となる。

同様にして $\zeta(6)=\dfrac{\pi^6}{945}$ もえられる。

補遺 7　アペル関数

本補遺では　$\int_0^\infty \frac{t^3}{\exp t-1}dt=\frac{\pi^4}{15}$　という積分計算を示す。

ガンマ関数とゼータ関数の変数を s と置いて、これら関数の積を計算してみよう。すると

$$\Gamma(s)\varsigma(s)=\left(\int_0^\infty t^{s-1}e^{-t}dt\right)\left(\sum_{n=1}^\infty \frac{1}{n^s}\right)=\int_0^\infty \sum_{n=1}^\infty \frac{1}{n^s}t^{s-1}e^{-t}dt$$

となる。

最後の積分において、$t=nx$ と変数変換すると $dt=ndx$ となり

$$\int_0^\infty \sum_{n=1}^\infty \frac{1}{n^s}t^{s-1}e^{-t}dt=\int_0^\infty \sum_{n=1}^\infty \frac{1}{n^s}(nx)^{s-1}e^{-nx}ndx=\int_0^\infty \sum_{n=1}^\infty x^{s-1}e^{-nx}dx$$

$$=\int_0^\infty x^{s-1}\sum_{n=1}^\infty e^{-nx}dx$$

と変形できる。ここで

$$\sum_{n=1}^\infty e^{-nx}=e^{-x}+e^{-2x}+e^{-3x}+...+e^{-nx}+...$$

は、初項が e^{-x} であり、公比が e^{-x} の無限等比級数の和であるから

$$\sum_{n=1}^\infty e^{-nx}=\frac{e^{-x}}{1-e^{-x}}$$

となる。分子、分母に e^x を乗じると $\sum_{n=1}^\infty e^{-nx}=\frac{1}{e^x-1}$　となる。したがって

$$\Gamma(s)\varsigma(s)=\int_0^\infty \frac{x^{s-1}}{e^x-1}dx$$

という積分となる。ここで、s =4 のとき

$$\int_0^\infty \frac{x^3}{e^x - 1} dx = \Gamma(4)\varsigma(4)$$

となる。よって

$$\int_0^\infty \frac{x^3}{e^x - 1} dx = \Gamma(4)\varsigma(4) = 6 \times \frac{\pi^4}{90} = \frac{\pi^4}{15}$$

と与えられる。

索引

な行

は行

ま行

や行

ら行

著者：村上　雅人（むらかみ　まさと）

1955年，岩手県盛岡市生まれ．東京大学工学部金属材料工学科卒，同大学工学系大学院博士課程修了．工学博士．超電導工学研究所第一および第三研究部長を経て，2003年4月から芝浦工業大学教授．2008年4月同副学長，2011年4月より同学長．

1972年米国カリフォルニア州数学コンテスト準グランプリ，World Congress Superconductivity Award of Excellence，日経BP技術賞，岩手日報文化賞ほか多くの賞を受賞．

著書：『なるほど虚数』『なるほど微積分』『なるほど線形代数』『なるほど量子力学』など「なるほど」シリーズのほか，『日本人英語で大丈夫』．編著書に『元素を知る事典』（以上，海鳴社），『はじめてナットク超伝導』（講談社，ブルーバックス），『高温超伝導の材料科学』（内田老鶴圃）など．

なるほど統計力学　応用編

2019年 5 月 17 日　第 1 刷発行

発行所：㈱ 海 鳴 社　http://www.kaimeisha.com/

〒101-0065　東京都千代田区西神田２－４－６
E メール：info@kaimeisha.com
Tel.：03-3262-1967　Fax：03-3234-3643

発 行 人：辻　信行
組　　版：小林　忍
印刷・製本：シ ナ ノ

出版社コード：1097

ISBN 978-4-87525-345-7